航空运输类专业教材精品系列

AIRCRAFT
CABIN SYSTEM

飞机客舱系统

初 晓 谈 斌 主 编
迟 壮 郝晓红 副主编

人民交通出版社股份有限公司
北京

内 容 提 要

本教材以培养新时代高素质民航人才为目标，结合民航岗位实际工作情况，系统介绍了当前主流机型波音 B737、B777 和空中客车 A320、A330 以及我国国产飞机 ARJ21 的客舱系统，内容包括门/窗系统、厨房/盥洗室系统、客舱通信系统、客舱灯光系统、客舱氧气系统等。本教材图文并茂，设置有"民航故事"模块，注重激发学生民族自豪感和职业荣誉感，并配套飞机客舱全景 3D 视图数字资源和在线练习题库，可帮助学生全面掌握各机型客舱系统的专业知识和操作技能。

本教材可作为民航高等院校相关专业教学教材，也可供民航相关岗位工作人员参考使用。

图书在版编目（CIP）数据

飞机客舱系统/初晓，谈斌主编. — 北京：人民
交通出版社股份有限公司，2023.3
ISBN 978-7-114-18440-6

Ⅰ.①飞… Ⅱ.①初…②谈… Ⅲ.①飞机舱—客舱
Ⅳ.①V223

中国国家版本馆 CIP 数据核字（2023）第 000622 号

Feiji Kecang Xitong
书　　名：飞机客舱系统
著 作 者：初　晓　谈　斌
责任编辑：吴燕伶
责任校对：刘　芹
责任印制：张　凯
出版发行：人民交通出版社股份有限公司
地　　址：（100011）北京市朝阳区安定门外外馆斜街 3 号
网　　址：http://www.ccpcl.com.cn
销售电话：（010）59757973
总 经 销：人民交通出版社股份有限公司发行部
经　　销：各地新华书店
印　　刷：北京印匠彩色印刷有限公司
开　　本：787×1092　1/16
印　　张：15.5
字　　数：360 千
版　　次：2023 年 3 月　第 1 版
印　　次：2023 年 3 月　第 1 次印刷
书　　号：ISBN 978-7-114-18440-6
定　　价：56.00 元
（有印刷、装订质量问题的图书，由本公司负责调换）

随着世界民航业的飞速发展和生活水平的不断提高，乘坐飞机旅行已成为人们主要选择的出行方式之一，因此对空中旅途的安全性、便捷性和舒适性也提出了更高的标准。由此，飞机设计人员在关注提升发动机性能、完善飞机结构与系统的同时，也把精力投入到提升飞机客舱系统性能的研发中，更加柔和的灯光、适宜的温度、舒适的座椅、便捷的厨卫设备、丰富的娱乐设施等也就应运而生。而这一切精心的设计，对从业人员的业务能力也提出了更高的要求。当前中国正处于民航大国向民航强国跨越的重要历史时刻，各民航运输企业之间的竞争，即是人才的竞争，急需综合素质过硬的高质量民航专业人才，对高等教育带来全新挑战，也是编写本教材的大背景。

本教材以培养高素质当代民航人才为目标，以中国民航大学相关学科教学团队和实践平台为依托，结合各民航岗位的实际工作情况，在激发民族自豪感和职业荣誉感的基础上，详细介绍了当前主流机型波音 B737、B777 和空客 A320、A330，以及国产飞机 ARJ21 的门/窗系统、厨房/盥洗室系统、客舱通信系统、客舱灯光系统、客舱氧气系统等内容，使学生全面掌握各机型客舱系统的专业知识和操作技能，具有较强的适用性和实用性。为了保证专业性的深度和广度，本教材主要参考各机型的飞机维修手册及航空公司有关资料，分阶段、分机型、分系统地开展了取材、翻译、总结、整理和校对等一系列工作，尽量使通俗易懂和知识深度得到兼容，更加适合民航专业人员及非专业人员的广泛需要。同时，为了增强读者的感性认识，本书尽可能多地收集了飞机客舱系统的各种相关图片，并且加入了新媒体相关资源，可读性更强，也更便于学生认知和理解。

本教材内容分为六章，由中国民航大学"飞机客舱系统"课程组成员主编和统稿。第一章、第二章和第六章由初晓、谈斌编写；第三章和第五章由郝晓红、谈斌编写；第四章由迟壮、初晓编写。另外，迟壮、谈斌负责本教材配套数字资源的开发，孙重凯负责提供技术支持。

在教材编写过程中，编写团队查阅、参考了大量的书刊和资料，在此谨向被引用书刊和资料的作者致以诚挚的谢意，同时也向中国民航大学乘务学院、中国国际航空股份有限公司天津分公司、天津航空有限责任公司、奥凯航空有限公司等单位的支持表示衷心感谢！

由于编写时间仓促和水平有限，教材中难免存在错误和不足，恳请各位专家和读者提出宝贵意见和建议（可发至电子邮箱 cabinsystem@163.com），以便再版时改正和完善。

编　者
2023 年 2 月

AIRCRAFT CABIN
>>> SYSTEM

目录

AIRCRAFT
CABIN SYSTEM

第一章　飞机客舱系统概述

　　飞机客舱是指航空器上载运旅客的隔舱，设有座椅、舷窗、行李舱、舱门、应急出口、救生设备等部件和设施，大型客机上还设有盥洗室、厨房、播音系统、娱乐系统等设施。而飞机客舱系统则是将这些部件和设施科学地进行归类、管理、应用和维护，以保证旅客机上旅程的舒适安全，满足通风保温、防噪声、防火、增压、应急撤离等一系列的要求。

第一节　客舱系统介绍

　　飞机客舱系统既是现代飞机系统的重要组成部分，也是保证旅客在空中旅途中正常工作和休息的关键系统。现代民航飞机客舱系统中的客舱设备一应俱全，各个子系统既有共性又有特性，在保障旅客舒适和安全的同时，也能给旅客带来愉快的乘机体验。飞机客舱系统经历了百余年的漫长发展过程，系统功能不断地拓展，安全性也得到不断提高，为旅客机上体验提供了充分的保障条件。图 1-1 为国产大飞机 C919 客舱。

图 1-1　国产大飞机 C919 客舱

一、客舱系统发展

　　民用航空运输源自 20 世纪初期，距今已历百余年。早期受机械可靠性和天气因素等限制，搭乘飞机往往被认为是冒险行为，直到 20 世纪 60 年代后期，喷气式飞机的发展和客舱系统的不断完善，为旅客提供了快捷舒适的旅途环境，乘机旅行才逐渐被大众接受。其间，客舱作为民用飞机中容纳旅客的场所，从最初的环境简陋、噪声较大，逐步发展到当今的舒适、便捷、安全以及智能化，未来还将继续向着多元化的乘机体验方向发展。

（一）初期客舱系统

　　第一条空中航线出现在德国，从法兰克福往返杜塞尔多夫，执飞的航空器为轻于空气的齐柏林飞艇。第一次使用重于空气的固定翼飞机运营的定期商业航班，是 1914 年 1 月 1 日由贝诺华（Benoist）XIV 机型（小型双翼水上飞机）完成的，从美国圣彼得堡市飞往坦帕市的航线，但该机型开放式驾驶舱的并列双座只能容纳一名飞行员和一名旅客，如图 1-2 所示。同时代，我国北洋政府在 1919 年于国务院之下设立"航空办事处"，掌管全国航空事务，并在 1921 年 7 月 1 日，使用从英国维克斯（Vickers）公司购进的由 FB-27 轰炸机演变而来的"维梅"飞机，开通了京沪航线的北京至济南段，这是中国组织的首次航空邮运。该机型为封闭式座舱，载客容量为 10 人，如图 1-3 所示。在 20 世纪 20 年代，英国的帝国航空公司（Imperial Airways）出现了第一批男性乘务员，称为"机舱男孩"（Cabin Boys），其中第一位叫作海因里希•库比斯（图 1-4），在往返于德国和美国之间的齐柏林飞艇航班上执飞。另外，1928 年，德国的汉莎航空公司（Lufthansa）首次在巴黎—柏林航线上通过机上餐车提供热餐（图 1-5）。在 1921 年的美国芝加哥世界博览会期间，一架载有 11 名观光旅客的寇蒂斯 F-5L 水陆两用飞机首次播放了电影，如图 1-6、图 1-7 所示。

图 1-2　贝诺华 XIV 飞机

图 1-3　北洋政府"维梅"飞机

图 1-4　海因里希·库比斯

图 1-5　客舱配热餐

图 1-6　寇蒂斯 F-5L 飞机模型

图 1-7　客舱内播放电影

在客舱系统发展初期的 20 世纪 20 年代，旅客乘坐飞机飞行的感觉并不愉快，主要是因为当时客舱的噪声太大，且飞行过程中较为颠簸。巨大的发动机噪声使得旅客几乎无法在飞机上相互交谈，严重的甚至会导致某些无经验的旅客在飞行结束后的 1h 或更长时间内产生听力障碍。

（二）中期客舱系统

从 20 世纪 30 年代开始，一批优秀的飞机公司迅速崛起，一系列经典的不同型号的飞机问世，民航运输业进入了一个全新发展的鼎盛时期。

1. 波音 B80 和波音 B247

1928 年，波音公司生产史上第一架定期商用客机波音 B80 问世，最多可载 3 名机组人员、18 名旅客及 408kg 货物，如图 1-8 所示。波音 B80 铝钢制的机身以布料覆盖，其客舱已经具备了现代客舱系统的元素，内设包括装有软垫的皮座椅、暖气、阅读灯、行李舱、冷热水以及常备药品等，如图 1-9 所示。另外，此时首次出现了女性乘务员（也称空姐），即来自波音公司的艾伦·丘奇（原职业为护士）（图 1-10）。而中国的第一批女性乘务员，则

来自民国时期的第一家航空公司——中国航空公司，其于1938年1月在上海《申报》上公开招聘6~7名空姐（要求是：年龄20~25岁，体貌端正，身高1.5~1.7m，体重40~59kg，精通国语、粤语、英语，可以流利读写中、英文），如图1-11所示。

图1-8　波音B80

图1-9　波音B80客舱

图1-10　艾伦·丘奇

图1-11　中国早期空姐

波音B247（图1-12）是波音公司第一架全金属客机，于1930年开始研制，1933年2月8日首航，是首架完全引入自动驾驶仪等先进装置及仪器的飞机，最多可载3名机组人员、10名旅客和182kg货物。作为第一架真正意义上的现代客机，波音B247的客舱条件大大改善，不仅座位更加舒适，还装有空调、隔音舱和恒温设施，同时设有盥洗室，如图1-13所示。

图1-12　波音B247

图1-13　波音B247客舱

2. DC-3

麦道公司研制的DC-3（与波音B247竞争的机型）于1935年12月21日首航，其速度更快、航程更远、内部空间也更加宽敞，如图1-14所示。DC-3客舱宽度为2.34m，配有21个座位，为与铁路上的普尔门式火车卧铺服务竞争，部分航空公司还配有14个床位。它还是第一种安装有可提供热餐的空中厨房的机型，将飞机的舒适性提高了一个档次，如图1-15所示。另外，部分航空公司在DC-3上开始供应杯子和袋子，以应对旅客的进餐需求及颠簸造成的旅客晕机。

图 1-14 DC-3

图 1-15 DC-3 客舱

2019 年 12 月 6 日 13 时 21 分，1 架有着 75 年机龄、复古涂装的 DC-3 运输机，顺利降落在北京大兴机场，圆满完成纪念"两航起义"70 周年的飞行任务。

"两航起义"是中国共产党领导下的一次成功的爱国主义革命斗争，"两航"指原中国航空股份有限公司（简称"中航"）和中央航空运输股份有限公司（简称"央航"）。1949 年 11 月 9 日，12 架飞机（中航 10 架，央航 2 架）陆续从香港启德机场起义北飞。同日，在香港的中航和央航 2000 多名员工通电起义（图 1-16）。这是中国民航史上的大事件，也是历代民航人所要传承的"守卫蓝天，报效祖国"的民航精神。

图 1-16 "两航起义"人员

3. 波音 B377

波音 B377（图 1-17），又名"同温层巡航者"，于 1947 年 7 月 8 日首飞，是波音公司在第二次世界大战后设计的一款四发远程豪华型客机，载客 55～100 人或 28 个上/下卧铺，被誉为"螺旋桨飞机的终极奢华"。在装备客舱增压系统（由波音 B307 首次配置，最大巡航高度为 7985m）基础上，波音 B377 首次采用双层客舱的大空间设计，上层有卧铺，下层有酒吧，通过螺旋楼梯将上下客舱巧妙相连，是富豪们的空中邮轮，如图 1-18、图 1-19 所示。

图 1-17 波音 B377

图 1-18 波音 B377 的上层卧铺

图 1-19 波音 B377 的下层酒吧

4. 波音 B707 和波音 B737

第二次世界大战结束之后，民航进入喷气式飞机的全新时代。1958 年，波音公司交付世界上第一架在商业上取得成功的喷气式民航客机 B707（图 1-20）。波音 B707 曾作为美国总统的空军一号，属于 200 座级的四发长航程中型窄体喷气客机，其中客舱宽度可达 3.7m 以上。它每个机身框架上均有一个小窗户，使靠近窗口的旅客均可享受一个以上的窗户。另外，行李舱也做成可关闭的，为旅客提供了更大的存储空间，如图 1-21 所示。

图 1-20 中国民航大学停机坪上的波音 B707

图 1-21 波音 B707 客舱

20 世纪 60 年代，波音公司推出了中短程双发喷气客机波音 B737，该飞机具有可靠、简捷、极具运营和维护成本经济性的特点，被称为"世界航空史上最成功的民航客机"。其中，波音 B737-800（图 1-22）是最卖座的 150 座级客机，它首次取消了跟机机械员，客舱采用了更平滑的弧线天花板，提升了整体客舱环境，还设计了更灵活的内饰，如图 1-23 所示。其客舱系统的具体介绍详见第二章。

图 1-22 波音 B737-800

图 1-23 波音 B737-800 公务舱

同时代，在 1955 年，中国民航已拥有运输飞机 57 架，国内航线 17 条，国际航线 2 条，在北京也进行了新中国第一批女性空中乘务员的招收工作，共招收 18 名，除了 2 名来自民航局的工作人员外，余下的 16 名入选者均来自北京各中学，年龄大都在十八九岁，这就是中国民航史有名的"十八姐妹"（图 1-24）。此次空乘招收，政治条件放在第一位，家庭出身、社会关系必须合格，共青团员尤其受欢迎；其次要求品学兼优，能够吃苦耐劳。至于其他条件则被放在次要位置。

图 1-24　新中国第一批空姐"十八姐妹"

5. 波音 B747

波音 B747（图 1-25）是波音公司于 20 世纪 60 年代末，在美国空军主导下推出的 350 座级的大型商用宽体客/货运输机，也是世界上第一款宽体民用飞机。客舱高度约为 6.1m，采用 3-4-3 布局及两层客舱的设计方案。驾驶舱置于上层前方，之后是较短的上层客舱。头等舱在主客舱前部，中部可设公务舱，经济舱在后部。不少航空公司利用其内部空间设置酒吧、休息室或餐厅等豪华设施（图 1-26、图 1-27）。另外，在 B747 机型之后，波音公司又陆续推出 B757/767/777/787 等一系列机型（图 1-28），客舱系统持续进化，以满足旅客多元化的需求。

图 1-25　波音 B747

图 1-26　波音 B747 空中餐厅

图 1-27　波音 B747 豪华酒吧

图 1-28　波音机队

6. 空客 A300 和空客 A320

20 世纪 70 年代，波音公司在全球最大的竞争对手，来自欧洲的空中客车公司（Airbus）（简称"空客公司"）逐渐成长起来，并在 1973 年推出了世界上第一款双发宽体客机 A300（图 1-29），这也是空客公司第一款投产的客机。空客 A300 只需两名飞行机组驾驶，具有 300 座级飞机中最宽的机身截面（5.64m），确保高级别客舱中的每一名旅客都能根据自己

的喜好选择过道或窗口座位。同时，一排八座的经济舱布局，确保每位旅客离过道不超过一个座位的距离，宽敞的客舱为旅客提供了更好的舒适性，且飞机机舱非常安静，受到旅客的喜爱。另外，空客 A300 还配备一系列远程航线旅客所需要的飞行娱乐和通信系统，宽大的头顶行李舱也提供了较大的随身行李存储空间，同时客舱的空调系统提供了平稳的空气调节功能，并可根据旅客所在客舱的位置调节温度，如图 1-30 所示。

图 1-29　空客 A300　　　　　　　　　图 1-30　空客 A300 客舱

　　1988 年 4 月，空客公司推出单通道双发中短程窄体 150 座级客机 A320（图 1-31），是第一款使用数字电传操纵飞行控制系统的商用飞机，也是第一款放宽静稳定度设计的民航客机，同时，它也是世界上首先采用"玻璃座舱"的客机，拥有单通道飞机市场中最宽敞的机身，也为客舱灵活性设定了新的标准，并通过加宽座椅，提供了最大程度的舒适性，双水泡形机身截面也大大提高了货舱中装运行李和集装箱的能力。此外，优越的客舱尺寸和形状可以安装宽大的头顶行李舱，在更加便利的同时，也可以加快上下旅客的速度，如图1-32 所示。该客舱系统的具体介绍详见第三章。

图 1-31　空客 A320　　　　　　　　　图 1-32　空客 A320 客舱

图 1-33　空客机队

　　随后，空客公司又陆续推出了 A330/340/350/380 等一系列民航客机（图 1-33），在载客量和航程上持续与波音公司对抗，抢占民航运输市场。

　　2022 年，空客公司获得来自中国国际航空股份有限公司（简称"国航"）、中国南方航空集团有限公司（简称"南航"）和中国东方航空集团有限公司（简称"东航"）三大航空集团的 292 架 A320neo 系列飞机订单，并完成了 112 架飞机（包括 96 架单通道 A320 系列飞机和 16 架 A350 飞机）的交付，约占空客全球交付总量的 17%。截至 2022 年底，我国在役的空客民用飞机总数达到 2123 架，占据我国所有在役民用飞机 54% 的市场份额，空客公司在单通道客机和宽体客机两大市场均处于领先地位。图 1-34 为南航 A350 飞机。

图 1-34　南航 A350 飞机

7. 新舟 60

新舟 60（MA60），英文名为 Modern Ark（现代诺亚方舟）60，是中国航空工业集团有限公司下属的西安飞机工业（集团）有限责任公司，在运-7 短/中程运输机的基础上研制、生产的 50～60 座级双涡轮螺旋桨发动机支线客机，如图 1-35 所示。其于 2000 年 3 月首飞，是中国首次按照与国际标准接轨的中国民航适航条例《运输类飞机适航标准》（CCAR-25）进行设计、生产和试飞验证的。新舟 60 整个客舱内装饰（包括侧壁板、行李舱、天花板、遮光板、座舱隔板等）与国外飞机普遍采用的构型类似，但各个部位上选用 6 种不同颜色图案的装饰层，对座椅、地毯、门帘布、乘务员座椅按照颜色统一要求选用材料装饰，提高了内装饰效果与水平，配餐间和盥洗室也为全新设计，如图 1-36 所示。另外，它还采用了强劲的环境控制系统，为旅客和机组人员提供清爽、舒适的舱内环境。

图 1-35　新舟 60　　　　　　　　　　　图 1-36　新舟 60 客舱

值得一提的是，在新舟 60 取证的试飞中，有 10 多个一类风险科目（即试飞的最高风险科目），包括失速速度、失速特性、单发起飞、空中和地面最小速度、高速特性、颤振和自然结冰等，这些科目无论从广度和深度上，在我国航空史上均为首次进行，也是首次由中国试飞员完成试飞。

这些高风险科目试飞的目的是测出飞机安全飞行的边界数据，划定安全区域，从而确保安全营运。在实际的试飞中，要确定安全飞行的极限，就必须超过极限，但一旦超越极限，各种可能都会发生。在国外，为了保证安全，高风险科目试飞前一般都要用模拟器进行模拟训练，模仿飞行中的各种状态，降低飞行风险。由于受条件限制，新舟 60 的试飞员们驾驶飞机直接上天试飞，他们和科研人员详细地分析了飞行中可能出现的情况，制订了周密的方案。民用飞机的试飞一般不做跳伞准备，但是在新舟 60 的高风险科目试飞中，试飞员背着降落伞，戴着头盔，以防万一。最终新舟 60 试飞成功，中国民航人再一次用无畏和生命奏响了华丽的乐章。

8. ARJ21

ARJ21（Advanced Regional Jet for 21st Century）是中国商飞公司按照国际标准研制的

具有自主知识产权的飞机，如图 1-37 所示，于 2008 年 11 月 28 日首飞成功。ARJ21的设计指标满足以中国西部高原机场的起降和复杂航路越障为目标的运营要求，是世界上第一款完全按照中国自己的自然环境来建立设计标准的飞机。它的客舱宽度为 3.12m，比同类型飞机宽 0.38～0.64m，采用公务舱排距约 1m、经济舱排距不小于 0.8m 的宽松布置。同时，其基本型和加长型分别拥有 17m³ 和 20m³ 的下货舱，货舱高度接近 1m，能为旅客提供更多的行李空间。另外，对于客舱的内装饰和服务设备，综合考虑了线条、颜色、图案、照明和实用等因素，还符合工程心理学原理，前卫宜人的客舱美学设计和全机飞行力学特性决定的优越乘坐品质，以保证旅客获得最大程度的舒适感，如图 1-38 所示。该客舱系统的具体介绍详见第六章。

图 1-37　ARJ21

图 1-38　ARJ21 客舱

（三）现代客舱系统

20 世纪 90 年代，民航客机进入更快、更安全、更环保、更经济和更舒适的空中旅行新时代，越来越强调提高旅客的飞行体验。空客 A380、波音 B787，以及我国的 C919 极具代表性，诠释了高效、舒适、奢华的乘机体验。

1. 空客 A380

空客 A380 是空客公司制造的全球最大的宽体客机，有"空中巨无霸"之称，如图1-39所示。它于 1990 年宣布向波音 B747 在远程航空客运市场的主导地位发起挑战，于 2005 年4 月 27 日完成首飞。A380 是目前世界上唯一采用全机身长度双层客舱的机型，一般为 555座级的三舱（头等舱—商务舱—经济舱）布局（高密度座位安排时可承载 861 人），如图 1-40所示。相较竞争机型，A380 的座椅和通道更加宽大，宽阔的空间可让旅客伸展腿部，并享用底层设施。同时，它还使用了更高效的空调系统，使舱内环境更接近自然，220 个舱窗也让机舱内具有更多的自然光。

图 1-39　空客 A380

图 1-40　空客 A380 经济舱

另外，A380 客舱配备更加先进的旅客娱乐系统，其光纤通信网络使旅客在选择视频、音频等节目时更加灵活，而且旅客可以使用笔记本电脑，或打电话。部分航空公司还会设置商务中心、酒吧等娱乐区，也会为头等舱旅客安排更大的私人套间，甚至提供浴室淋浴服务，如图 1-41、图 1-42 所示。

图 1-41　A380 头等舱套间

图 1-42　A380 "酒廊"

在 2021 年新冠疫情期间，来自南航的 A380 机队不负重任，成为我国及全球疫情防控和复工复产的 "空中动脉"。A380 机队的机组，不仅面临感染病毒的风险，而且由于经常出入疫区，需要隔离，在该年度机组平均隔离时间为 160 天，他们可能错过了女儿的生日，可能错过了父亲的手术，可一次都没有错过爱与希望（图 1-43）。一位乘务员说："每一班带你回家的 A380，背后都写满了孤勇"，这正是中国的力量。

图 1-43　新冠疫情期间南航乘务组防疫升级

2. 波音 B787

波音 B787（图 1-44）是世界上首架超远程中型客机，于 2009 年 12 月 15 日首飞成功，其三层座位设计能容纳 242～335 名旅客。它拥有由先进复合材料建造的飞机骨架，具有超低燃料消耗、较低的污染排放、高效益及舒适的客舱环境等特点，被称为 "梦想客机"（Dreamliner）。波音 B787 在设计中力求营造更宜人的客舱环境，相对同级别机型，其客舱更加宽敞，座椅宽度增加，能为每位旅客创造出更大的个人空间，如图 1-45、图 1-46 所示。同时，波音 B787 引入新型气体过滤系统，用以去除异味、刺激物与气态污染物，制造更高的客舱空气湿度，可减少旅客在飞行中的头疼、头昏等不适感，以及因干燥引起的咽喉刺激与眼部刺激。另外，机舱气压以电动的空气压缩机维持，而不是发动机引气，使客舱最高压力高度达到 1228m（其他飞机 2438m），能让旅客的血液多吸收 8% 的氧气，从而减轻不适感和疲劳感。

飞机客舱系统

客舱灯光设计是 B787 的亮点，其客舱内以发光二极管（LED）提供照明，营造出头顶即是天空的感觉。天空特色的舱顶一直贯穿整个客舱，还可以在飞行中控制天空特色舱顶的亮度和颜色，并模拟夜色，如图 1-47 所示。波音 B787 还装有可由旅客调整透明度的电子遮光帘，同时配有比竞争机型大 65％ 的舷窗，并使用电致变色的原理调整明暗，减少窗外射入的眩光及维持透明。

图 1-44　波音 B787

图 1-45　波音 B787 客舱

图 1-46　波音 B787 头等舱

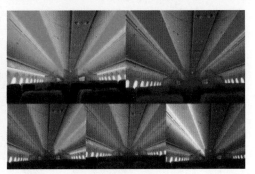

图 1-47　波音 B787 客舱灯光变换

3. C919

C919（图 1-48）全称为 COMAC 919。"C" 既是 "COMAC" 的第一个字母，也是中国的英文名称 "CHINA" 的第一个字母，第一个 "9" 有 "天长地久""长长久久" 之意，后边的 "19" 代表 190 座级，它是我国首款完全按照国际先进适航标准研制的单通道大型干线客机，具有我国完全的自主知识产权，于 2017 年 5 月 5 日成功首飞，共有全经济级、混合级、高密度级三种客舱布置构型，如图 1-49 所示。

图 1-48　C919

图 1-49　C919 客舱座椅

012

C919 客舱采用流线型的内部造型、淡雅的色彩搭配、智能化的情景照明（欢迎模式、休息模式、就餐模式和告别模式）、人性化的服务设施、良好的降噪隔音设计（大量采用复合材料，机舱内噪声可降到 60dB 以下）、先进的舱内气流和温度仿真设计，可提升客舱的乘机环境品质和整体舒适感，改善旅客的飞行体验。同时，它装有非常宽敞的行李舱，符合旅客的出行需求。另外，C919 提供旅客个人视频娱乐系统、无线宽带互联网功能、个人移动通信功能的选装，并满足商务人士的机上办公需求。

在 2018 年 9 月 1 日的央视节目《开学第一课》上，C919 的总设计师吴光辉院士和他的大学老师及同学，一同在节目中讲述了"中国创造"背后的探索故事，回顾了中国民航一路走来的"三起三落"，以及 C919 诞生过程中的一路艰辛，如图 1-50 所示。其中吴光辉还向全国的同学们讲述了 C919 成果和为什么要选择飞机设计专业实现梦想，以及与中国民航的不解之缘，甚至在 50 岁之后，为了更深入了解飞行体验进行设计，他还学习了驾驶飞机。C919 冲上云霄，是几代航空人用心血和汗水浇灌的梦想和探索，感谢一辈一辈中国民航人的努力和付出，中国民航也会在新一代人的手中继续腾飞。

图 1-50　中国工程院院士、C919 总设计师吴光辉

（四）未来客舱系统

随着科技的不断进步、民航业的持续发展和人们对空中旅行舒适性需求的不断提高，未来民航客机的客舱系统会向着更加科技化、更富有舒适性、更加个性化、更有经济效益等方向不断发展，未来客舱系统的部分创新设计如下：

1. 智能客舱设计

当旅客进入客舱时，可通过 LED 显示屏来查找座位信息，以及购买客舱内的服务项目，如图 1-51、图 1-52 所示。

图 1-51　机载 LED 选择显示屏

图 1-52　选择界面

2. 客舱空间设计

更舒适和更富有科技感的舱内空间设计，为旅客提供了更大的活动空间和更高的舒适度；优化的储物空间，使客舱更为宽敞。如图 1-53、图 1-54 所示。

图 1-53　更舒适的舱内空间设计

图 1-54　储物空间设计

3. 座椅设计

在座椅上提供了按摩、睡眠、身体检测、360°旋转等多功能设计，从而提升了旅客乘坐的舒适感，并且座椅的可折叠和可变换性则为旅客提供了更多的选择空间，无论是想坐还是想躺，按下按键就可以瞬间完成，如图 1-55、图 1-56 所示。

图 1-55　可以坐/卧切换的座椅

图 1-56　座椅变换按键

4. 机载数字显示屏设计

在旅客座位的前方，提供一个机载数字显示屏（图 1-57、图 1-58），在上边可实现娱乐、上网、互联等功能，从而为旅客提供更丰富的娱乐信息、购物体验等，提升旅客的出行品质。

图 1-57　座位上数字屏幕

图 1-58　显示屏选择界面

5.飞机与电子产品互联设计

飞机与手机/笔记本电脑或手机与笔记本电脑互联（图1-59、图1-60），"飞行检测"可帮助旅客更好地了解飞机飞行时长、飞机离地高度、飞机周围情况等信息。

图1-59　飞机与手机互联　　　　　　　　　　图1-60　手机与笔记本电脑互联

6.个性化设计

设置触摸按钮和集成化智能设备，使旅客可以自行调节个人座舱内的氛围灯、音乐、可调光舷窗等（图1-61）；增大窗户面积，为旅客提供更宽广的视野（图1-62）；设计可折叠的桌椅，满足旅客的个性化需求（图1-63）。此外，餐饮也变得更为多样化，从而满足不同人群的口味（图1-64）。

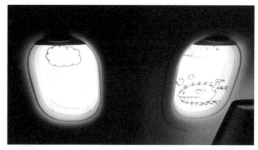

图1-61　客舱氛围灯光　　　　　　　　　　图1-62　大面积窗户

图1-63　可折叠桌子　　　　　　　　　　图1-64　多样化餐食

7.场景需求设计

客舱满足旅客不同场景下的需求，比如，更为安静和舒适的会议室，以及更适合朋友、家人谈话的吧台和家庭区、休息区等。多场景化的设计在无形中满足了当今快节奏时代旅客的时间利用需求，如图1-65所示。另外，也提供了更为舒适和私密性更强的休息空间，也就是云端上的总统套房设计，并在房间内配备了氛围灯、可调节舷窗、机载多媒体等，更适合长途旅行的人群，如图1-66所示。

图 1-65 机上会议室

图 1-66 豪华空间设计

二、客舱系统特征

飞机客舱系统的标准和要求应满足或优于中国民用航空规章的有关要求，此外，还要满足用户提出的性能、使用、维护等方面的特殊性要求。

（一）使用性

（1）对没有乘机经验的旅客，能够做到不加指导（或稍加指导）即可使用、操作相关客舱系统，且不出现技术上的偏差。

（2）各客舱系统的设备要具有多用途、多功能，且性能满足使用要求。同时，在不增加和少增加附加设备的基础上，兼顾特殊旅客的使用要求。

（3）所有客舱系统均能在任何航线环境下使用且保持性能，同时不影响其他飞机系统的正常工作。

（二）舒适性

（1）对于民航客机而言，尤其对长距离飞行的客机，各客舱系统应最大限度地使旅客在航程中感到舒适、愉悦并减轻旅客的疲劳。

（2）各客舱系统中涵盖的各种服务设施的数量和空间尺寸，应等于并力求优于规定的使用标准，且由于舒适性的要求，需要对这些设施进行临时性改装时，这种改装应是简单、方便和可靠的。

（3）由旅客直接操作的可调节的相关客舱系统，需要具有选择范围多、调节范围大、调节方便、操作简单的特点，且尽量不影响邻近旅客。

（三）安全性

（1）确保飞机客舱系统在飞行期间，不会发生妨碍飞机安全飞行和着陆的故障。

（2）客舱系统的设计，应保证尽量消除或减少在其使用和维护过程中可能引起的不安全飞行的人为偏差，同时要使自然环境的影响降到最低程度，避免该影响引起不安全飞行。另外，各客舱系统的接口设计，要确保出现局部故障时，不会引发主要系统的故障与失效。

（3）对可能引起不安全因素的客舱系统部件或设施，设置可靠的安全装置、醒目的安全提示及风险报警装置（图 1-67）。同时，这些报警装置要具备通过目视或仪器检查，即可判断该装置是否失效的功能。

（四）维护性

（1）客舱系统在设计使用寿命期内，必须定期进行检查（图 1-68）。须定期更换零/组件的部位，应具有拆装方便且不降低系统性能的保障措施。另外，系统要设计成组合式结构，在使用常规工具下能迅速完成工作，并在维护时具有良好的可接近性，降低维护工作量和维护成本。

图1-67　飞机"禁止吸烟"和"系紧安全带"指示牌

图1-68　维护人员客舱检查

（2）各客舱系统的设备具有大范围的互换性，包括飞机与飞机之间的、同一架飞机内的、同一种设备之间和同一设备内的局部零/组件之间的互换性。

（3）对设有指示器和监控器的客舱系统，指示器和监控器应置于维护时易观察到的距离、高度内。此外，在相应维护点附近（机身或设备上），设置永久性和醒目的说明维护要求标牌。

（4）各客舱系统均具有防止维护操作差错的措施，且在正常的维护工作中，不应发生任何导致维护人员或机组人员面临危险的情况。

（五）经济性

（1）在满足性能及要求的前提下，各客舱系统尽量采用常规的、成熟的材料，以降低材料成本。同时，在系统设计时贯彻简单设计的原则，充分吸取和采用已有的研究成果，以降低研究设计成本。

（2）在零/组件的设计中，在保证系统性能、产品质量和生产效率的前提下，尽量采用现成的标准件，增强通用性，并且采用常规的加工设备、成熟的工艺，减少加工模具和工时，以降低生产成本。

（3）各客舱系统采用互换性的零/组件，以提高系统的使用寿命和效率，同时应实现减少或简化维护，以降低维护成本。

三、客舱系统组成

一般来说，飞机客舱系统除直接为旅客提供旅途必要的工作和生活保障外，还包括应对各种应急情况来保障安全的一切设备。按照各组成部件功能和作用的不同，客舱系统可以分为以下几类。

（一）门/窗系统

门系统是进出飞机机舱的舱门、接近门以及相应的控制系统的统称，包括前/后登机门、前/后勤务门（图1-69）、应急出口门，还包括舱门警告系统等，其中登机门可以分成上拉式、侧拉式、下翻式、外开式四种开启形式。窗系统为机舱提供采光、观察、通风、美化等作用，主要包括驾驶舱窗户、客舱窗户（图1-70）、应急出口门窗户、登机门窗户等。

图 1-69　飞机勤务门

图 1-70　飞机客舱窗户

（二）厨房系统

厨房系统是保障旅客机上饮食的必要设施的统称，用于准备餐饮、储存机上供应品、放置容器等。厨房的位置取决于是否方便乘务员及旅客的使用，一般位于客舱的前段和后端，同时厨房的数量取决于旅客的人数配置，通常为60～70人一个厨房。厨房内有一整套完备的供餐服务设备，包括烧水器、烤箱、烧水杯、餐车、储藏室、配电板等（图1-71）。

（三）盥洗室系统

盥洗室系统用来满足机组和旅客的生理需求。盥洗室的数量取决于旅客的人数配置，通常为40～50人一个盥洗室，同时盥洗室的位置一般在飞机客舱的前部、中部和后部。每个盥洗室内都有一套完善的盥洗设备，包括马桶、洗手池、废纸箱、呼叫按钮、服务信号牌、门闩、烟雾探测及灭火系统等（图1-72）。

图 1-71　飞机厨房

图 1-72　飞机盥洗室

（四）水系统

图 1-73　污水车抽走污水

飞机上的水系统包括饮用水系统和污水系统。饮用水一般存储在机身后面或地板下面的水箱中，经加压后向厨房和盥洗室供水。污水系统一般包括马桶污水系统和废水系统：马桶污水系统是将马桶抽吸冲刷马桶后的污水，暂时存储在污水箱内，飞机落地后由地面勤务利用污水车抽走（图1-73）；废水系统收集厨房和盥洗室洗手池用过的废水，以及舱门门槛处的雨水，并通过排放口排到机外，或不排出而经化学处理后循环使用。

（五）客舱通信系统

客舱通信系统一般包括客舱内话、旅客广播、旅客娱乐、机组和旅客呼叫及盥洗室呼叫系统等。客舱内话系统提供驾驶舱机组和乘务员之间的内话通信；旅客广播系统播放预录通告或机上音乐等，也可由乘务员进行广播（图1-74）；旅客娱乐系统（图1-75）包括音乐播放和视频播放，还包括乘机安全知识、飞机当前状态（位置、速度、高度、飞行时间、室外温度、已飞行距离和至下一站距离等）、目的地机场信息等；旅客呼叫系统由旅客按压旅客服务组件的"乘务员呼叫"按钮呼叫乘务员；盥洗室呼叫系统是由旅客按压盥洗室舱壁洗手池附近的"乘务员呼叫"按钮呼叫乘务员。

图1-74　飞机乘务员广播

图1-75　飞机旅客娱乐设备

（六）客舱灯光系统

客舱灯光系统由白炽灯或荧光灯提供，包括顶灯、窗口灯、阅读灯、旅客信号牌、乘务员工作灯、盥洗室灯、厨房灯等，客舱照明灯光线可以调节，为旅客营造舒适、温馨的客舱环境（图1-76）。另外，客舱灯光系统还包括部分应急照明，在飞机主电源失效或飞机发生故障应急着陆时使用，由机身配备的蓄电池供电，在紧急情况下提供目视帮助。

（七）客舱氧气系统

客舱氧气系统用于飞行中出现客舱失压或需要紧急救护时对机上人员进行供氧，主要包括旅客氧气系统（图1-77）及便携式（手提）氧气瓶。供氧设备分别储藏在旅客服务组件、乘务员站位上方以及行李舱上方。其中，便携式氧气瓶机动性较好，用于机上移动时供氧或机上紧急救护。

图1-76　飞机客舱灯光

图1-77　飞机客舱氧气面罩

（八）其他客舱重要设备

其他客舱重要设备包括客舱座椅、旅客服务组件、应急撤离设备、衣帽间和储物柜、

乘务员控制面板等。

1. 客舱座椅

座椅（图 1-78）是支撑和连接旅客与飞机结构的基本设施，并且在所有正常、机动飞行和应急迫降时最大限度保证旅客和乘务员的安全，还可以让旅客在全程感受到较强的舒适性，有单人式、双联式或三联式等类型。另外，现代座椅一般采用装有 X 形椅腿和 N 形椅腿的吸能式座椅，可有效保护旅客。

2. 旅客服务组件

旅客服务组件（PSU）（图 1-79）安装在每位旅客座椅上方的行李舱底部，可为旅客提供阅读照明、呼叫乘务员及信息指示服务。

图 1-78　飞机客舱座椅

图 1-79　飞机旅客服务组件（PSU）

3. 应急撤离设备

应急撤离设备是飞机在陆上或水上紧急迫降时，旅客得以安全撤离飞机以及撤离后能自我救助的设备，包括撤离滑梯（图 1-80）、救生船、救生衣、应急定位发射器等。撤离滑梯位于舱门处，救生船和救生包存放在旅客行李舱内，救生衣存放在旅客座椅下面或扶手内，其他救生设备均存放在客舱内易于取用的位置。

4. 衣帽间和储物柜

衣帽间和储物柜（图 1-81）位于飞机的前舱或后舱，分为有门和无门两种。衣帽间内部装有照明灯，可供旅客挂放衣物、存放婴儿摇篮等使用；储物柜用于存放应急设备和服务用品。

图 1-80　飞机撤离滑梯

a) 衣帽间

b) 储物柜

图 1-81　飞机衣帽间和储物柜

5.乘务员控制面板

乘务员控制面板（图1-82）位于前/后登机门乘务员座椅附近，分别为前乘务员控制面板和后乘务员控制面板。根据客舱环境需求，可以通过面板上的按键对客舱娱乐系统、灯光系统、水系统、舱门及撤离滑梯系统等进行控制。老式飞机的乘务员控制面板为按键式，现代飞机上多配备液晶显示屏式，更加直观方便。

图 1-82　乘务员控制面板

📖 民 航 故 事 📖

中国民航之父——冯如

冯如（1884 年 1 月 12 日—1912 年 8 月 25 日），原名冯九如，字鼎三，广东恩平人，是中国第一位飞机设计师、制造师和飞行家，被誉为"中国航空之父"（图 1-83）。他七八岁随亲人到美国谋生，并在美勤工俭学，十四五岁在一家柴油机厂做学徒工。从那时开始，他就一边工作一边研究飞机设计，经过数年的勤奋攻关和刻苦钻研，设计并制造了中国民航史上第一架飞机。同时，他不为美国重金聘请诱惑，于 1911 年回到祖国。

图 1-83　冯如和他设计制造的飞机

1912 年 8 月 5 日，冯如要在广州郊区进行飞行表演。那一天，广州城外的天气格外晴朗，机场周围坐满了前来观看表演的群众。人群中，有人手捧鲜花，有人手持国旗，都在急切地盼望着那一时刻的到来。中午 11 时左右，冯如健步出现在观众面前。他头戴飞行帽，身穿飞行衣，显得格外精神。在一片欢呼声中，他简单地介绍了飞机的性能，然后登上了飞机，为观众进行飞行表演。伴随着发动机的轰鸣声，飞机升上了高空。冯如驾驶着自己制造的雄鹰在蓝天上悠悠飞翔。飞机像一只矫健的银燕，忽高忽低，忽左忽右。看台上欢声雷动，鼓乐齐鸣，天上地下连成一体，共同为祖国航空事业的伟大壮举而欢呼。

飞机的空中技巧表演结束后，冯如正准备着陆。突然，他望见远远的跑道上有两个儿童在嬉闹，不幸的事件即将发生。就在这千钧一发的紧急时刻，冯如猛拉操纵杆，脚踩加速器，飞机像一只发疯的雄鹰，猛然冲上天空，一场突如其来的灾难发生了，由于冯如用力过猛，飞机失去了平衡，在抖动中，部分零件损坏，飞机突然坠落在草地上。周围的观众像潮水一般向着冯如涌来。

冯如 29 岁的人生定格在那一刻，他对于人民生命的守护、对于中国民航的贡献，如同最璀璨的烟火，为后人所铭记。

思 考 题

1. 飞机客舱系统的发展经历了哪几个阶段？各有什么特点？

2. B737 和 A320 两种机型的客舱系统各有哪些优缺点？

3. 未来的客舱系统包含哪些新的元素？

4. 现代飞机客舱系统对安全性、舒适性和经济性的要求有哪些？

5. 现代飞机客舱系统主要包括哪些子系统？这些子系统的作用分别是什么？

6. 简述中国民航人历代传承的民航精神。

第二节　客舱系统布局

飞机客舱系统布局的舒适程度和安全程度是旅客选择航空公司的重要指标。因此，飞机制造商要按照航空运营商的要求对客舱进行合理布局，在客舱有限的空间内，尽可能通过柔和的灯光、适宜的温度、舒适的座椅、精心设计的行李舱/储物柜、操作便捷的厨卫设备、丰富多样的娱乐服务设施，以及必要的应急设备，给旅客提供一个安全、方便、舒适的空中旅行环境。

一、客舱布局概述

客舱布局指飞机客舱内各种舱位的安排，以及每种舱位具体设置的客舱系统与设备的数目和位置，具体包括座椅位置的排布、应急出口和过道的排布、内部设施的布置、结构系统的布置等。

（一）客舱布局要求

客舱布局以安全性和舒适性为基本原则，其中安全性是以适航标准为最低要求；舒适性以最大限度满足旅客需求为要求。

1. 安全性

（1）客舱座椅、应急出口和过道的排布应满足应急撤离及水上迫降等适航条款的规定。

（2）客舱系统管线的布置要在保证正常使用功能的前提下考虑对安全性的影响，各系统的结构、管线之间应留有间隙，保证系统布置的安全性。

（3）客舱内非旅客使用的系统面板及设备尽量布置于旅客区之外，同时电气线束（图1-84）应布置在空调管线上方，避免污染和渗透等。

2. 舒适性

（1）客舱系统的设施和管线布置，以及内饰布置应减少对客舱空间的占用，给旅客足够的乘坐和活动空间。

（2）盥洗室、厨房和衣帽间等生活设施数量应足够且舒适，飞行中的娱乐、膳食、饮料供应要充足，服务要周到（图 1-85）。

（3）座椅应尽量柔软舒适，且角度可调，能最大限度地降低旅客长距离旅途的疲惫感。

图 1-84　飞机内部线束　　　　　图 1-85　20 世纪 80 年代中国客机客舱服务

（二）影响客舱布局的因素

客舱布局的限制条件较多，除了适航条款的强制性规定外，还要根据客舱构型、航线距离、市场竞争等因素进行综合考虑。

1. 客舱构型

飞机客舱的结构决定了客舱空间的大小，进而决定了舱位、座椅和设施的布局。航空运营商一般根据客舱尺寸和航线需求等因素来确定舱位等级以及各舱位内座椅布置形式。此外，还应保证客舱布局后飞机重心在允许范围内。

2. 航线距离

在短途航线中，大部分旅客更关注飞机的正点率和票价，对舒适程度的要求较低；而在中长途航线中，旅客对座椅间距、座椅后靠幅度、厨卫需求、灯光柔和度等舒适度方面的要求往往较高。因此，旅客对客舱系统的要求与航线距离成正比，航空运营商会结合不同航线旅客需求的特点来设置客舱布局。

3. 市场竞争

随着现代旅客越来越注重航空公司的品牌和服务，航空市场的竞争也愈演愈烈。航空公司在确定客舱布局前，需要对共飞航线竞争对手的机型、客舱布局、客舱产品、机票价格等进行研究，在客舱系统硬件和软件上不断升级，才能在竞争中占有一席之地。另外，航空公司应兼顾不同舱位级别旅客的需求，进行客舱差异化布局，加大对头等舱、商务舱设备的投入来吸引高端旅客。

二、客舱结构

现代客机的机身内部一般分为两层（有的大型飞机分为三层，如空客 A380），上层为驾驶舱和客舱，下层为货舱、设备舱、起落架舱等。一般来说，民航飞机客舱舱位是从前客舱隔墙到后密封舱壁。在客舱前方，前客舱隔墙与天线罩舱壁之间为驾驶舱，后密封舱壁的后面是非增压区域。某型飞机客舱舱位布置如图 1-86 所示。

图 1-86　某型飞机客舱舱位布置

大部分机型的机身横截面形状为圆形，或接近圆形。不仅是因为圆形横截面的结构重量轻、工艺好、强度大，而且由于机身直径大，在内部安排时能充分保证客舱的宽敞性和客舱系统布局的灵活性，同时也能较好地保证货舱有足够的高度与宽度，使整个机身内部容积得到有效利用。另外，

常见的客舱横截面还有扁圆形、"8"字形、横"8"字形、竖椭圆形等。某型飞机客舱横截面如图 1-87 所示。

图 1-87　某型飞机客舱横截面

在客舱基本结构的基础上，还开有舷窗与舱门。对于发动机挂在大翼下方的主流机型，其客舱舱门分为三种：布置在飞机机身左侧用于旅客正常出入的舱门，称为登机门；其对称位置上右侧的门，称为勤务门；在飞机中部的大翼上方设置的应急出口门。

三、客舱等级与布局

根据客舱内部宽度及通道数量，现代民航市场将客机分为窄体客机、半宽体客机、宽体客机及超宽体客机。飞机客舱布局主要是指在不同级别飞机客舱内部座椅、厨房及盥洗室的布置。

（一）座椅与人行通道布置

客舱内的舒适程度与舱内座椅布局有很大关系，座椅布局越分散，通道越宽敞，旅客个人空间越大，舒适性越好。根据客舱舒适程度，一般将客舱分为三个等级：头等舱（F 舱）、商务舱（C 舱）和经济舱（E 舱），飞机制造商可以按照航空公司的要求来布置舱位。头等舱座椅一般为双联座椅（图 1-88），靠窗座椅便于旅客看风景，靠过道座椅方便旅客进出，并且两座之间的扶手很宽，无拥挤感。头等舱座位占用空间大，票价昂贵。公务舱座椅有双联座椅，也有三联，其座椅间距比头等舱小，比经济舱大。经济舱的座椅有三联、四联甚至五联，最常见的是三联座椅。座椅间距一般只有 32 英寸（1 英寸 = 2.54cm），虽然乘坐舒适性与进出方便性会受到影响，但此布置可在有限的空间容纳更多的旅客。对于航空公司而言，如果希望容纳更多的旅客，就可以取消头等舱与公务舱，全部使用经济舱座椅；如果考虑到要满足不同旅客的不同需求，就可以将客舱布置为混合型，减少座位数，同时提高头等舱与公务舱的票价。图 1-89、图 1-90 是以南航 B777、A330 机型为例的客舱布局。

图 1-88　某型飞机双联座椅

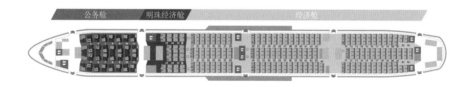

| ■头等舱 | ■公务舱 | ■明珠经济舱 | ■经济舱 | ⚓出口 | ⚓紧急出口 | ■乘务员座椅 |
| ■厨房 | ■盥洗室 | ■机组休息室 | ■衣帽间 | ▢吧台 | ▬机翼 | ⊠婴儿摇篮挂点位置 |

图 1-89　波音 B777 舱位等级分布

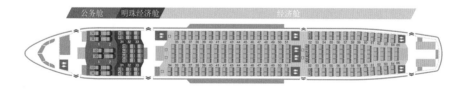

| ■头等舱 | ■公务舱 | ■明珠经济舱 | ■经济舱 | ⚓出口 | ⚓紧急出口 | ■乘务员座椅 |
| ■厨房 | ■盥洗室 | ■机组休息室 | ■衣帽间 | ▢吧台 | ▬机翼 | ⊠婴儿摇篮挂点位置 |

图 1-90　空客 A330 舱位等级分布

根据客舱内部的通道数量，可将客机分为单通道客机与双通道客机。单通道客机一般为窄体客机（例如波音 B737、空客 A320），通常布局为：头等舱座椅采用 2-2 布局（2 表示双联座椅，2-2 布局即表示每排有两个双联座椅）；经济舱采用 3-3 布局或 3-2 布局。双通道客机一般为宽体客机（例如波音 B747、空客 A330），通常布局为：头等舱采用 2-2-2-2 布局，还有 2-3-2 布局（唯一半宽体 B767）；公务舱采用 2-3-2 布局或 2-4-2 布局；经济舱为 3-4-3 布局，甚至 3-5-3 布局（唯一超宽体空客 A380）。半宽体、宽体、超宽体机载客量大，设置两条人行通道，可方便旅客进出和机上乘务人员进行客舱服务。

（二）行李舱布置

为了保持客舱内的美观、整齐，确保飞行旅途中的安全，现代客机客舱已全部采用封闭式行李舱（图 1-91），其与天花板一起构成舱顶。大型客机设置有 2 排或 4 排头顶行李舱，2 排的设置在客舱两侧的顶部；4 排的除左右两侧的行李舱外，在中顶棚中间部分，沿机身纵轴方向也设置有 2 排行李舱。但也有一些航空公司取消了中间 2 排行李舱，使顶棚显得更宽大，这样在客舱内放映电影或电视录像时，银幕可以升高，使视野更开阔，视觉效果更为理想。

（三）厨房与盥洗室布置

飞机客舱内厨房与盥洗室的数量是由客座数与飞行续航时间（或航程）决定的，其位置取决于是否方便乘务员服务及旅客使用。

1. 厨房布置（图 1-92）

现代客机由于载客数量多，厨房与食品柜的数量都要相应增加。食品柜的上部为电烤箱、烧水器、冷藏箱等，下部为餐车与废物箱。厨房设备、餐盘与餐车的大小，由航空公司选择。另外，某些机型还将厨房设置在客舱地板下（如 DC-10）。

图 1-91　某型飞机客舱行李舱

图 1-92　某型飞机厨房

2. 盥洗室布置

现代客机设置有多个盥洗室，每个盥洗室内都有相当完善的盥洗设备，如洗手池、镜子、剃须刀插座、马桶、废物箱等，如图 1-93 所示。另外，还有 LSU（盥洗室服务组件）、"返回座位"信号灯、乘务员呼叫按钮等。

（四）公务机客舱布局

公务机旅客为国家领导人、大型企业管理人员等高端人群，通常由波音 B767 或空客 A319 改装成公务机，也有湾流、庞巴迪、塞斯纳等公务机公司。公务机的客舱设计更能满足高端人群的工作需要，舒适度更高。通常公务机内辟有办公与开会的区域，有专门的卧室与浴室，座椅的布置也与其他飞机有差异（图 1-94）。

图 1-93 某型飞机盥洗室

图 1-94 某型公务机客舱

📖 民 航 故 事 📖

紧急迫降

1998 年 9 月 10 日 19 时 38 分，从上海飞往北京的东航 MU586 航班起飞，机长倪介祥、机械师赵永亮和报务员鲁舸等机组人员密切配合，注册号为 B-2173 的麦道-11 型客机很快融入夜空中。

飞机爬升过程中，倪介祥收起落架时发现前起落架红色信号灯不灭，说明前起落架没有收好。当飞机升到 900m 时，倪介祥按照检查单程序又做了一次收起落架动作，只见红色信号灯仍在闪亮。倪介祥意识到飞机故障的严重性，经虹桥机场塔台管制员同意决定返航，同时通知正在机舱内忙碌的主任乘务长徐焕菊。

经虹桥机场塔台管制员同意，倪介祥要采取在空中"甩放"的办法。一套"急上升、侧滑、大坡度盘旋"动作做完了，但离心力作用并未能把前轮"甩放"下来。

随后有着 20 多年维修经验的老机务赵永亮，拿起一把斧子，用尼龙绳拴着腰部钻进轮舱，使劲用斧子敲打前起落架被卡住的地方，费了很大的劲却不见松动。

"甩放"不成，斧头又敲不下来，倪介祥决定采用"试着陆"的方法，即驾驶飞机按正常着陆，试图让起落架在跑道上接地时靠"蹾"的力量把前起落架"蹾"下来。飞机再升空，在地面人员的精心指挥下，倪介祥驾机转了两个大圈子，连续着陆"蹾"了两次，前起落架仍纹丝不动。

唯一的办法只剩迫降。倪介祥决定：通知主任乘务长，组织旅客尽量坐在中部和尾部，反复教他们做好迫降的动作；自己驾驶飞机迫降，副驾驶严宝弟把持油门，并在旁边提醒自己，待主轮一接地后立即拉第一发动机和第三发动机反喷至慢车位置，机械师赵永亮负责拉下减速板和所有发动机总开关，并对发动机实施灭火，当飞机停稳后立即接通紧急撤离电铃。

23 时 07 分，倪介祥驾驶飞机下滑，飞机以"轻两点"姿态着陆，在机头擦地的一刹那，跑道上划出一道道闪亮的火星，令人把心都提到嗓子眼上。在滑行 380m 之后，飞机稳稳地停在了跑道上，像一匹烈马终于被驯服了。迫降成功了！在所有旅客从应急滑梯上跳下去之后，机组人员才离开 B-2173 飞机（图 1-95）。

　　据了解，东航 B-2173 客机空中遇险的原因已经查明，是飞机前起落架的销子断裂导致起落架收放失效。有关专家鉴定后认为，该飞机销子材料中某种金属成分含量过高，成分构成不合理，导致销子产生裂缝。

　　这次迫降，机上 120 名旅客、17 名机组人员，除 6 名旅客和 3 名乘务员在紧急撤离时受轻伤外，均安全撤离，飞机未起火，保护了国家财产安全和旅客的生命安全，为中国民航赢得了荣誉，得到了中外旅客及社会各界的广泛好评。在这次成功迫降中，倪介祥机长（图 1-96）和机组其他成员正确处置，精心操作，避免了一场可怕的飞行事故，同时空管人员的准确指挥，地面公安、消防等其他人员的密切协作也起到非常重要的作用。

　　1999 年 12 月 21 日，以此次事件为原型的电影《紧急迫降》上映。

图 1-95　MU586 航班迫降现场　　　　　　　　图 1-96　英雄机长倪介祥

📖 思 考 题 📖

1. 现代飞机客舱布局有哪些要求？
2. 影响现代飞机客舱布局的因素有哪些？
3. 现代飞机的客舱一般为何种结构？
4. 现代飞机的客舱等级和布局一般有哪几种形式？
5. 你认为未来的客舱布局该如何发展？

AIRCRAFT
CABIN SYSTEM

第二章 波音 B737-800 客舱系统

　　波音 B737 系列是波音公司生产的中短程双发喷气式客机,主要针对中短程航线的需要,是民航历史上最成功的窄体民航客机系列之一。根据项目启动时间和技术先进程度,其分为传统型 B737、改进版 B737、新一代 B737 和 B737MAX。

　　新一代 B737(B737NG 系列,包括 B737-600/-700/-800/-900)的客舱采用了波音 B777 的设计,客舱更平滑的弧线形天花板提升了整体客舱环境,并采用了灵活内饰,使航空公司可以在很短的时间内,将客舱布局从公务舱的每排 5 座改成经济舱的每排 6 座,方便变换客舱布局。

第一节　波音 B737-800 机型介绍

波音 B737-800（图 2-1）是新一代波音 B737NG 系列飞机的改进型，其机翼的设计采用新的先进技术，不但增加了载油量，而且提高了效率，这都有利于延长航程。该机型还具有可靠以及运营、维护成本较低的特点，驾驶舱的仪表板采用了新型的大型显示屏。另外，可以选择加装翼尖小翼。

图 2-1　波音 B737-800

一、机型基本参数

波音 B737-800 机型基本参数见表 2-1。

波音 B737-800 机型基本参数　　　　　　　　　　　　　表 2-1

项目	参数
机长（m）	39.5
机高（m）	12.5
翼展（无翼梢小翼）/（带翼梢小翼）（m）	34.4/35.79
客舱宽度（m）	3.53
座位数（两舱布局）/（单舱布局）（人）	164/189
空重（kg）	41413（91300 磅）
最大起飞质量（kg）	78245（172500 磅）
最大着陆质量（kg）	66360（146298 磅）
最大滑行质量（kg）	174698 磅
最大载油量（L）	26025（46067 磅）
巡航速度（马赫）	0.785（848km/h）

续上表

项目	参数
最大速度（马赫）	0.82（880km/h）
最大航程（n mile）	3200
最大巡航高度（m）	12400
起飞场长（m）	2027
着陆场长（m）	1327
动力装置	两台 CFM56-7B 涡扇发动机
最大推力（kN）	123.9（27300 磅）（CFM56-7B27 发动机）

二、机型主要特点

（1）设计方面

经过严格的空气动力分析计算，波音 B737-800 机翼的弦长增加了 50cm，翼展增加了 5m，使得机翼总面积增加了 25%，燃油容量提高了 30%。先进的翼型设计使其最大航程达到 6000km，其巡航速度、最大速度、最大巡航高度等参数，均超越了同级竞争机型。

（2）发动机方面

波音 B737-800 选择 CFM56-7 发动机作为动力装置。这种新型的发动机采用了代表最先进技术的宽弦风扇和全权限数字式发动机控制系统（FADEC）。与传统型波音 B737 上配置的 CFM56-3 发动机相比，其推力增加了 11%，噪声远远低于三级噪声标准，而且还具有油耗低和维护费用低的特点。

（3）通用性方面

波音 B737-800 与传统型波音 B737 具有相同的零部件与地面支持设备，以及完全相同的地面维护项目。另外，新一代波音 B737 的四种机型间具有 98% 的机械零部件通用性和 100% 的发动机通用性，从而为航空公司带来了满意的运营成本。

（4）新技术方面

2000 年 2 月，波音开始提供一种先进的翼梢小翼技术，来作为波音 737-800 机型的选装项目。这种约 2.4m 高的融合型翼梢小翼将使飞机的航程更远、有效载荷增加约 2.7t、油耗降低，并且更加环保。

三、客舱布局

波音 B737-800 机型客舱设计，采用了波音 B777 客舱顶板的设计技术，客舱天花板弧线更加平滑，同时，航空公司可以在很短的时间里，将客舱布局从公务舱的每排 5 座改成经济舱的每排 6 座；也可以在不到 1h 的时间里，将其改装成货机。以南航机队机型为例，其布局如图 2-2 所示，汇总见表 2-2。

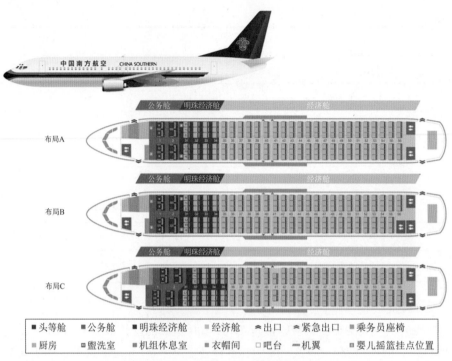

图 2-2　波音 B737-800 客舱布局

波音 B737-800 客舱布局　　　　　　　　　　　　　　　　表 2-2

客舱布局	布局 A			布局 B			布局 C		
座位总数	164			161			159		
座位类型	公务	经济 1	经济 2	公务	经济 1	经济 2	公务	经济 1	经济 2
座位数	8	24	132	8	24	129	8	27	124
座位间距（英寸）	42	35	31	42	35	31	42	36-37	31-32
扶手间座椅宽度（英寸）	21	17.2	17.2	21	17.2	17.2	21	17.2	17.2
座椅倾斜度（向后距离）（英寸）	7	4.5	4.5	7	4.5	4.5	7	4.5	4.5

注：1 英寸 = 2.54cm。

📖 民 航 故 事 📖

新中国民用航空局诞生记

　　1949 年 11 月 2 日，中共中央政治局作出决定，在人民革命军事委员会下设民用航空局，受空军司令部指导，新中国民用航空局宣告成立。

民用航空局成立一周后，中国共产党成功策动"两航起义"。中国航空、中央航空两家公司 12 架飞机从香港启德机场起飞后，悄悄改变了航向，一路向北抵达北京、天津。"两航起义"为新中国民航的发展提供了重要的人才和技术基础。"两航起义"参与者邓福庆说，这 12 架起义飞机和后来由"两航"机务人员修复的十几架飞机构成了新中国民航初期的机群主体。

民用航空局成立初期，新中国只有几条短航线，机场狭小，设施简陋，主要执行一些临时性的专包机任务。1950 年 7 月 1 日，中苏民用航空股份公司正式成立，自当日起开辟北京至赤塔、伊尔库茨克和阿拉木图的三条国际航线。与此同时，民用航空局也在积极筹划国内航线的开辟。1950 年 8 月 1 日，"天津—北京—汉口—重庆"与"天津—北京—汉口—广州"两条航线开通（图 2-3）。这两条航线是新中国民航最早的国内航线，史称"八一"开航。此后，新中国民航克服重重困难，把航线伸向祖国大江南北、长城内外，彻底改变了一个国家的面貌，也搭起了一座座对外合作的桥梁。

图 2-3　1950 年广州航空站开航典礼

📖 思 考 题 📖

1. 波音 B737-800 的机型特点有哪些？
2. 波音 B737-800 的客舱布局是怎样的？
3. 波音的发展历程对我国大飞机的发展有哪些启发？

第二节　门/窗系统

1. 门系统

门系统是进出飞机机舱的可开关组件的统称。波音 B737-800 门系统主要包括以下类

型：前/后旅客/机组登机门、前/后厨房勤务门、应急出口门、货舱门，以及各种勤务接近门等，如图 2-4 所示。同时，还安装有舱门警告系统向飞行员显示各舱门当前状态，并且许多舱门有硅胶密封垫，可完成密封空气、减小泄漏，隔音和隔热，提升气动性等功能。

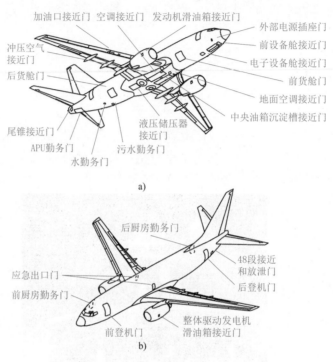

图 2-4 波音 B737-800 门系统

各门的位置如下：

（1）登机门在飞机前端和后端的左侧。

（2）勤务门在飞机前端和后端的右侧。

（3）应急出口门在飞机左右两侧机翼的上部。

（4）货舱门在飞机的右侧。

（5）各种接近门在相应的勤务工作区域附近。

在舱门的操作过程中有以下注意事项：

（1）在低于 40 节（1 节 = 1.852km/h）的风中开关登机门、勤务门和货舱门时不会造成飞机结构的损伤。在低于 60 节的风中，舱门被锁在打开位置时不会造成飞机结构的损伤。

（2）如果舱门长时间打开，应在门框上罩保护套，以防止在恶劣天气中损伤飞机。

（3）当登机门和勤务门在打开位置且暂时没有使用时，舱门口必须挂阻拦绳。

2. 窗系统

波音 B737-800 的窗系统主要包括：驾驶舱窗户（固定的和滑动的）、客舱窗户、应急出口门窗户、登机门窗户等，如图 2-5 所示。所有窗户都能承载舱内的压力负荷，并且具有防失效能力。

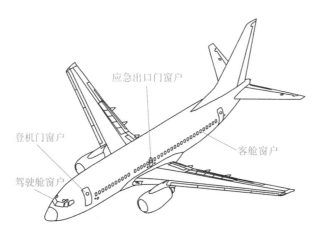

图 2-5　波音 B737-800 窗系统

一、旅客/机组登机门和勤务门

波音 B737-800 的前/后登机门（图 2-6）和前/后勤务门结构相同。以前登机门为例，前登机门的位置在飞机前机身左侧，是一个嵌入式舱门，也是飞机上最大的舱门，主要有中间门组件、上门板、下门板等部件组成。其中，中间门组件有一个窗口，且在其底部安装有应急撤离滑梯。登机门和勤务门主要结构介绍如下。

1. 舱门控制

通过舱门控制机构，可以人工操作从飞机内部或外部开、关舱门。打开舱门时，首先使用控制手柄给舱门开锁，即把手柄转到打开位，舱门内部的机械机构拔出舱门锁销杆，向内折叠舱门门板，并将舱门铰链边缘向内侧移到翻起位。然后使用辅助手柄，将舱门推出舱门门框，直到完全打开位置。最后，上部铰链上的锁定机构将舱门锁在完全打开位置。关闭舱门时，首先松开阵风锁，然后进行与开门相反的操作，最后，舱门上的导引锁销与门框上的导销轨道使舱门与门框对齐。

2. 舱门支撑

当飞机没有增压时，铰链支撑舱门；当飞机增压时，舱内压力将舱门稍微向外推，导致舱门密封垫被压缩，进而舱门止动销与门框止动装置接触，将舱门上的压力传递到舱门门框结构上，此时舱门铰链不受负荷。其中，舱门密封垫分别为舱门边缘密封垫（V 型和管型密封垫）和舱门铰链密封垫（膜片型密封垫）。

3. 舱门排水

舱门结构内部有排水通道，先将水排到舱门门框的门槛处，然后通过机身底部的排水桅杆排出机外。

4. 舱门警告

在舱门靠近上部锁销轨道上有一个接近电门组件，通过接口连接到舱门警告系统。此组件感应舱门锁销杆的位置。当舱门锁上时，可使驾驶舱 P5 顶板上对应的舱门警告灯熄灭。

此外，在舱门窗口上方的舱门衬里上有一个红色警示带。当撤离滑梯处于预位时，人工将它斜置在窗口上，以便向飞机外部人员指示滑梯已处于预位。

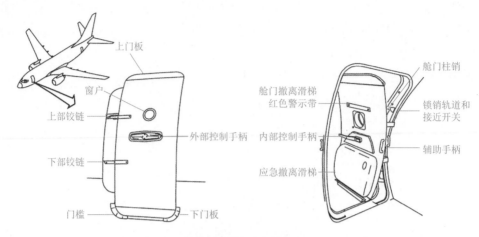

a) 外部视图（舱门在关闭位）　　　　b) 内部视图（舱门在打开位）

c) 实物图

图 2-6　波音 B737-800 前登机门

5. 撤离滑梯

波音 B737-800 撤离滑梯是单通道滑梯，用于帮助旅客和机组在紧急情况下撤离飞机，位于每个登机门/勤务门内表面下部，由撤离滑梯存储隔舱（图 2-7）、滑梯包、两个地板锁钩、具有易断连接处的系留索、红色人工充气手柄、压力表（在飞行前确保压力表指针在绿色区域）等部件组成。滑梯包在舱门内侧的撤离滑梯存储舱内，在使用时自动充气打开，若自动充气失效，可拉动人工充气手柄，若滑梯仍然充气失效或充气不足，可把滑梯展开，作为软梯使用。撤离滑梯上有白色断开手柄，可使滑梯快速从飞机上分离。如果飞机在水中迫降，可断开滑梯用作漂浮设备。另外，撤离滑梯配备的照明系统是位于滑梯末端的一串白炽灯泡，由飞机蓄电池驱动，在夜间撤离时提供地面照明。

撤离滑梯的操作步骤如下：

（1）滑梯预位及释放

①将红色警告带斜置于舱门观察窗上。

②将束缚杆（也称为滑梯杆或哥特棒等）从舱门滑梯挂钩中取出并安装到地板锁钩上。

③快速打开舱门，在完全打开前，不要停顿。

④当打开舱门时，束缚带会展开，束缚锁组件使滑梯包从存储隔舱中脱落。

⑤随着滑梯包的下落，启动滑梯自动充气（5~7s内完全充气）。如果滑梯自动充气失效，快速拉动红色手柄进行人工充气。

⑥白炽灯照明系统在滑梯充气过程中自动激活。

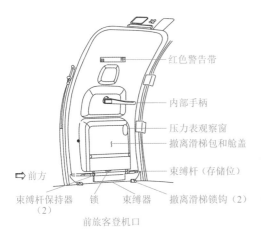

a) 结构图 b) 实物图

图 2-7 波音 B737-800 撤离滑梯存储隔舱

（2）滑梯解除预位

①将束缚杆从地板锁钩中取出，挂在舱门滑梯挂钩上。

②将红色警告带横置于舱门观察窗上方。

注意在正常开舱门之前需要确保滑梯处于解除预位。如果在滑梯预位时打开舱门，滑梯将充气展开，造成安全隐患和经济损失。波音 B737-800 撤离滑梯操作如图 2-8 所示。

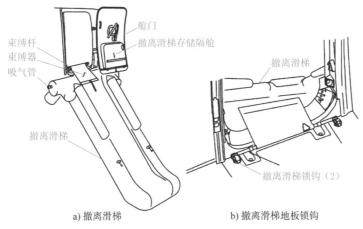

a) 撤离滑梯 b) 撤离滑梯地板锁钩

图 2-8 波音 B737-800 撤离滑梯操作

（一）舱门操作方法

1. 内部开启舱门

（1）确认滑梯已解除预位（滑梯杆在舱门滑梯挂钩上）。

（2）将红色警告带斜置在观察窗上方。

（3）确认舱门外无障碍物。

（4）将舱门操作手柄按照箭头指示方向转至水平位置（OPEN）。

（5）握住辅助手柄向外推动舱门，直至被阵风锁锁定。

（6）舱门外如果没有衔接物，挂上阻拦绳。

如图 2-9 所示为波音 B737-800 前登机门内部开启的操作步骤。

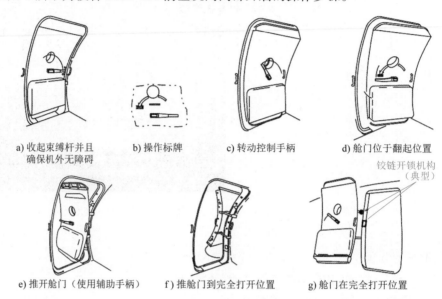

a) 收起束缚杆并且　　b) 操作标牌　　c) 转动控制手柄　　d) 舱门位于翻起位置
确保机外无障碍

铰链开锁机构
（典型）

e) 推开舱门（使用辅助手柄）　　f) 推舱门到完全打开位置　　g) 舱门在完全打开位置

图 2-9　波音 B737-800 前登机门内部开启操作步骤

2. 内部关闭舱门

（1）收回阻拦绳，确认舱门内外无障碍物。

（2）按下阵风锁，握住辅助手柄向内拉动舱门至舱内。

（3）将舱门操作手柄按照反方向转至水平位置，关好舱门。

（4）检查舱门密封情况，确认舱门没有夹杂物。

（5）将红色警告带斜置在观察窗上。

（6）将滑梯预位（滑梯杆挂在地板支架上）。

3. 外部开启舱门

（1）确认舱门外无障碍物。

（2）确认红色警告带没有斜置于观察窗前。

（3）向外拉出外部舱门操作手柄，按照箭头指示方向转至水平位置（OPEN），松开手柄并收入手柄槽中。

（4）将舱门向外拉开，直至被阵风锁锁定。

（5）舱门外如果没有衔接物，挂上阻拦绳。

如图 2-10 所示为波音 B737-800 前登机门外部开启的操作步骤。

4. 外部关闭舱门

（1）收回阻拦绳，确认舱门内外无障碍物。

5

（2）按住阵风锁直至舱门拉动后放开。

（3）将舱门推回舱内。

（4）向外拉出外部舱门操作手柄并反方向转至水平位置，舱门关好后松开手柄并收入手柄槽中。

（5）检查舱门密封情况，确认舱门没有夹杂物。

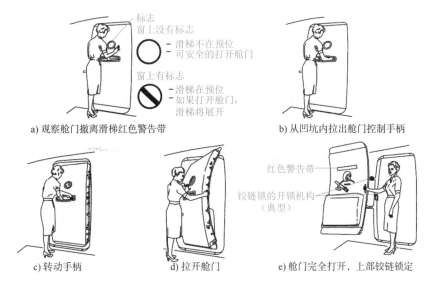

a) 观察舱门撤离滑梯红色警告带　　　　　　　b) 从凹坑内拉出舱门控制手柄

c) 转动手柄　　　　　　d) 拉开舱门　　　　　　e) 舱门完全打开，上部铰链锁定

图 2-10　波音 B737-800 前登机门外部开启操作步骤

（二）舱门操作注意事项

（1）风速低于 40 节时可以操作前登机门，风速低于 60 节时可以使舱门保持在打开、锁定状态，如果在大风或喷气流中操作舱门，可能会导致设备损坏或人员受伤。

（2）转动舱门控制手柄可以轻松地开、关舱门，反之则说明舱门有故障或程序有错误。

（3）填充/折叠不正确的撤离滑梯带会夹在舱门和门框之间，导致舱门存在间隙，使舱门不能顺利关闭和上锁。

（4）舱门必须克服舱内压力才能开锁，如果飞机已增压，舱门不会开锁。

（5）不要使用控制手柄推拉舱门，应用舱门辅助手柄将舱门推出门框，否则舱门门框会受力过大。

（6）在应急撤离时需要将滑梯预位，打开舱门滑梯能自动充气（5～7s），旅客可以通过滑梯迅速撤离。

（7）滑梯预位和解除滑梯预位必须按照乘务长的指令操作，正常情况着陆时需要先解除滑梯预位再打开舱门，以防造成人员受伤。

（8）外部开、关舱门时，应缓慢转动外部舱门控制手柄，以防造成舱内人员受伤。

二、应急出口门

波音 B737-800 装有左、右两个应急出口门（根据需求可选装四个，且目前多数机型为左右各两个），均位于机翼上部，其作用是在紧急情况下，为旅客提供额外的撤离通道。应

急出口门主要由手柄机构、铰链臂锁爪机构、铰链臂—机身连接机构、平衡机构、飞行锁定机构、两个舱门关闭位接近电门等部件组成，如图 2-11、图 2-12 所示。两个应急出口门具有相同的结构特征，以适应各自的门框，可以单独调节。每个应急出口门上均有一个窗户，内部带有遮光板。同时，每个应急出口门上方均有一个"安全出口标志（EXIT）"灯，其下面的泛光灯照亮应急出口门门口的区域。

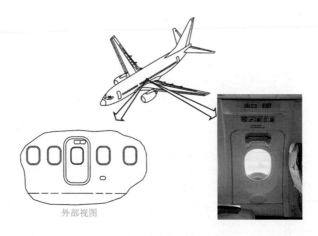

外部视图

图 2-11　波音 B737-800 翼上应急出口门

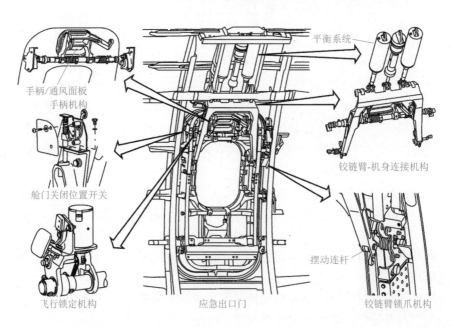

图 2-12　波音 B737-800 应急出口门部件位置

从飞机内部或外部都可以打开应急出口门，通过舱门上部弹簧预载的通气面板操作。另外，应急出口门和舱门警告系统相连，每个应急出口门门框的两个铰链上均有一个通过锁销滚柱触发的开关（飞行锁定机构），当应急出口门关闭后，驾驶舱 P5 顶板上的翼上应急出口门警告灯熄灭。

（一）应急出口门打开操作

从内部打开应急出口门，必须拉下手柄开始应急出口门开启程序，具体步骤如图 2-13 所示。

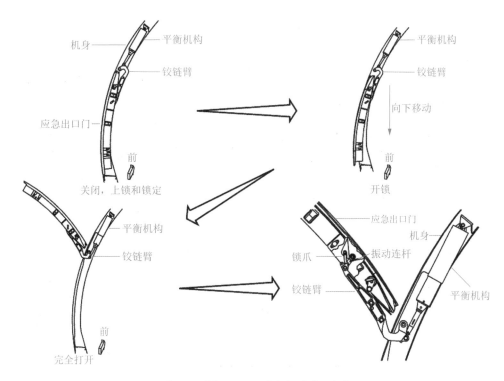

图 2-13　波音 B737-800 应急出口门打开操作

（1）锁定滚柱沿锁轨向下滑动。

（2）应急出口门向内下方移动，脱开止动装置。

（3）平衡组件使应急出口门转出机身上的门框。

（4）应急出口门继续从关闭位置转到打开位置，绕铰链臂固定轴线大约转动 125°。

（5）应急出口门完全打开后由铰链臂锁爪锁定。

从飞机外部打开应急出口门时，向内按压通气面板，开始开启程序，注意屈膝顶住舱门，防止受伤。在手柄/通气面板完成最初的转动后，应急出口门后面的转动是自动的。

（二）应急出口门关闭操作

首先打开应急出口门衬里底部的皮带盖子，向下拉皮带。然后当应急出口门开始进入门框时，向下拉内部手柄，使锁定滚柱和锁轨对正。注意当应急出口门接触门框时，内部手柄需要保持在向下的位置，并且应急出口门最后的移动需要使用两只手向内上方拉皮带，将应急出口门移到止动装置后面，此时应保持自己的脸部远离应急出口门的内部手柄，防止受伤。最后应急出口门手柄锁销关闭后，更换手柄上的手柄盖，确保驾驶舱应急出口门指示灯熄灭。

应急出口门关闭操作如图 2-14 所示。

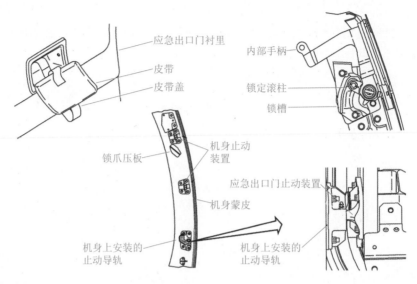

图 2-14　波音 B737-800 应急出口门关闭操作

三、舱门警告系统

当舱门未锁定时，舱门警告系统为机组人员提供灯光指示，在驾驶舱 P5 前顶板的舱门警告信号牌面板上有琥珀色舱门警告灯。与舱门警告系统有接口的舱门包括：前/后登机门、前/后勤务门、前/后货舱门、前设备舱接近门、E/E 舱外部接近门等。如图 2-15 所示。

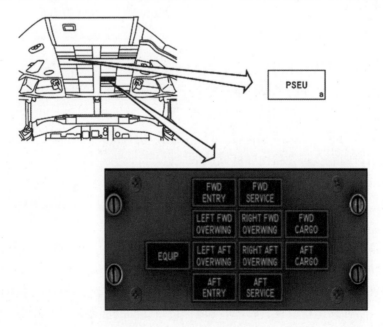

图 2-15　波音 B737-800 舱门警告系统

舱门警告信号牌按键说明如下：

（1）EQUIP：电子设备舱门。

（2）FWD ENTRY：前登机门。

（3）LEFT OVERWING：左翼上应急出口门。

（4）AFT ENTRY：后登机门。

（5）FWD SERVICE：前勤务门。

（6）RIGHT OVERWING：右翼上应急出口门。

（7）AFT SERVICE：后勤务门。

（8）FWD CARGO：前货舱门。

（9）AFT CARGO：后货舱门。

舱门警告灯由舱门区域的接近传感器和微动电门控制。舱门警告系统的控制电路由传感器、作动器和开关电路板组成，如图 2-16 所示。传感器和作动器在舱门上，指示灯的控制电路图在接近电门电子组件内（PSEU）。

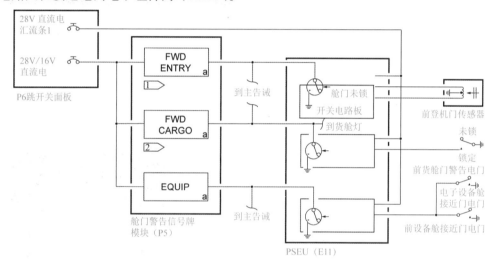

图 2-16　波音 B737-800 舱门警告系统控制电路

当应急出口门未被锁定或不在指令位置时，舱门警告系统也会为机组人员提供灯光指示。每个应急出口门的门框上都有两个舱门关闭位接近电门，分别位于门框的前部和后部。当这两个接近电门的任意一个不在关闭位时，将会为机组人员提供指示。另外，当飞机在地面还没有开始起飞滑跑时，应急出口门处于开锁状态，此时若无法开锁，将会为机组人员提供指示；当飞机开始起飞滑行或已经在空中时，应急出口门处于锁定状态，此时若锁被打开，将会为机组人员提供指示。注意，应急出口门上锁/开锁的信号来自于 PSEU（接近电门电子组件）内的飞行锁定逻辑电路。

四、窗户系统

（一）驾驶舱窗户

波音 B737-800 驾驶舱共有 10 个窗户，左（L）右（R）各有 5 个，如图 2-17 所示。其

中 1、3、4、5 号窗户是固定窗户，不能打开；2 号窗户是可滑动窗户，可以打开。另外，某些驾驶舱窗户可以由防冰系统加热。

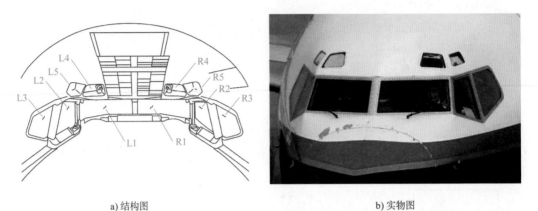

a) 结构图　　　　　　　　　　　　　　　　b) 实物图

图 2-17　波音 B737-800 驾驶舱窗户

（二）客舱窗户

波音 B737-800 客舱窗户位于客舱段机身框架之间，是嵌入式窗户，由外层玻璃、中层玻璃、内层玻璃组成，其中外层和中层玻璃均是结构件，如图 2-18 所示。

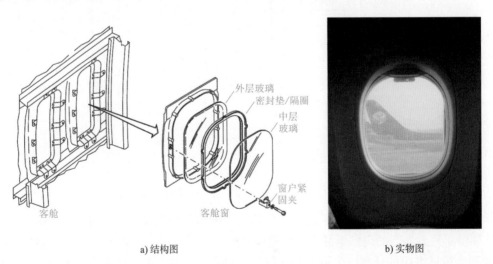

a) 结构图　　　　　　　　　　　　　　　　b) 实物图

图 2-18　波音 B737-800 客舱窗户

外层玻璃是带圆角的矩形玻璃，由弹性丙烯酸树脂制成，边缘斜切以便和窗框相配合，并且玻璃是曲面的，适应于机身外形。中层玻璃由聚丙烯模铸而成，和外层玻璃形状相似，但边缘不是斜切的，其提供防失效的功能，能承受正常压力负载的 1.5 倍。同时，中层玻璃四周有窗户的密封垫，靠近其底部还有一个通气孔。

（三）旅客/机组登机门/勤务门窗户和应急出口门窗户

波音 B737-800 旅客/机组登机门/勤务门窗户和应急出口门窗户结构与客舱窗户类似，均分为外层玻璃、中层玻璃、内层玻璃三层，如图 2-19、图 2-20 所示。

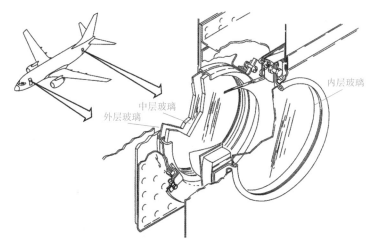

图 2-19 波音 B737-800 登机门窗户

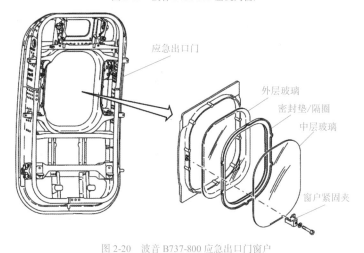

图 2-20 波音 B737-800 应急出口门窗户

📖 民 航 小 知 识 📖

厚重的飞机舱门,为什么必须手动开关?

飞机起飞和降落时都有空乘对飞机舱门进行手动的控制,在自动化已经普及的今天,对于又厚又重的飞机舱门,为什么不采用电动智能门,却还需要如此费力的手动开关呢?

首先,最重要的一个原因就是为了安全,因为电动智能门的一大缺陷就在于如果没有电源的话就无法打开,所以如果飞机发生意外事故,要全是电动开关舱门的话,就很有可能将人们都困在飞机内,而手动舱门就不会有这方面的困扰,还能够保证在第一时间得到救援。

第二点,手动控制的舱门可以保证具有更好的气密性。由于飞机的运动范围是在空中,外部的气压是比较小的,但人们呼吸需要氧气,这就需要飞机内部的气压较大,但如果舱门关闭不紧,在高空当中就很有可能因为客舱内气压的问题造成飞机的解体,所以手动关

闭舱门，既具有速度上的优势，又可以在气密性的安全方面得到更多的保障。

最后一点也是比较重要的一点，手动的舱门是冗余设计，即为了一些突发状况做准备，在一侧舱门控制没有办法完成的情况下，可以用另一边舱门。

在乘坐飞机的过程当中，很多人都觉得手动关闭舱门，对于空乘而言是一个比较危险而又有难度的动作，但乘务员经过培训，她们知道怎样能够更轻便简捷地关闭舱门，并且对于旅客而言，这也是一个安全保证，尽管比较复杂和费力气，但仍旧是不可替代的。

📖 思 考 题 📖

1. 波音 B737-800 有哪些舱门？它们各有什么特点？
2. 波音 B737-800 的登机门的开关操作是什么？
3. 波音 B737-800 的逃生门的开关操作是什么？
4. 波音 B737-800 的窗户有哪些？它们各有什么特点？

第三节 厨房、盥洗室系统

厨房用于存放食物、饮品等物品，安装有烤箱、烧水器、餐车等设施，同时连接饮用水、污水、空调等系统，电源由驾驶舱 P5 前顶板控制。盥洗室连接电源、空调、饮用水/污水系统，盥洗室门可通过外部打开。

一、厨房系统

波音 B737-800 上共有七处可安装厨房的位置，各航空公司决定厨房的数目和安装位置，典型的厨房设备包括烧水器、烤箱、烧水杯、冰箱、咖啡机、储藏柜、废物箱、餐车、水槽等。同时，厨房还具有电源接头、供水和排水接头、通风接头等多个接头。

值得注意的是，为保持重要系统的电源，如果一个发电机汇流条失去电力，则所有厨房电源就会自动切断。

波音 B737-800 前/后厨房布局如图 2-21 所示。

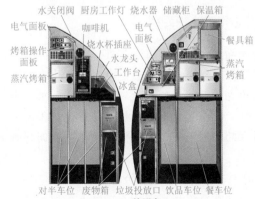

a) 前厨房

b) 后厨房

图 2-21 波音 B737-800 前/后厨房布局

（一）烧水器

烧水器安装在前/后厨房内，可将厨房冷水加热到 88℃左右，用于机上人员饮用咖啡或茶水等，如图 2-22 所示。在烧水器控制面板上，"POWER ON"按键为电源开关，并由白色指示灯显示开关状态，由琥珀色指示灯"WARMER ON"显示是否处于加热状态。另外"LAMP TEST"按键为灯光测试，"LOW WATER"为低水量指示灯。放水阀上的水开关为手柄式，用于放掉水箱内的水。

1. 烧水器的使用方法

（1）打开水龙头放水至水流顺畅。

（2）按下电源开关"POWER ON"，加热指示灯和开关指示灯都亮起。

（3）琥珀色加热指示灯熄灭后，即可使用热水。

2. 注意事项

（1）严禁空烧（烧水器内无水），按下电源开关前必须进行放水确认。

（2）避免长时间打开烧水器而不放水，否则烧水器内部会产生水蒸气形成空烧，加热指示灯会亮起。

（3）连续接水需要控制每次接水量，一般不超过两壶。

（4）飞机在地面过夜停留，需要将烧水器水箱内的水放尽，以防水箱冻裂。

（5）飞机起降过程中必须关闭烧水器电源。

（二）烤箱

机组人员及旅客的热食均来自烤箱（图 2-23）的加热，波音 B737-800 机型前厨房内有 3 个烤箱，后厨房内有 4 个烤箱，为蒸汽式烤箱或电子触摸式烤箱，其操作面板上的按键及标识说明如下：

图 2-22　飞机烧水器　　　图 2-23　飞机烤箱

（1）ON/OFF：电源开关。

（2）SET：设置时间。

（3）HEATINGTIME：加热时间显示屏。

（4）SERVINGTIME：服务时间显示屏。

（5）TEMP：温度设定钮。

（6）TIME SELETCTOR：时间调节钮。

（7）HIGH：高温（230℃）。

（8）MEDIUM：中温（150℃）。

（9）LOW：低温（80℃）。

（10）START：启动键。

1.烤箱的使用方法

（1）按"ON/OFF"电源开关。

（2）按"TEMP"温度设定按钮，设定烤箱温度为高、中或低。

（3）顺时针方向旋转"TIME SELETCTOR"时间调节钮，"HEATINGTIME 和 SERVINGTIME"时间显示屏开始变化，直至达到所需加热时间。

（4）按 HEATINGTIME 下面的"SET"加热时间锁定按钮，指示灯亮。

（5）按"START"启动键，烤箱开始工作。如需烤箱在一定时间后开始工作，则先不按"START"启动键，继续顺时针方向旋转时间调节钮，直至 SERVINGTIME 时间显示屏显示所需总共等待时间（大于所需加热时间），按下 SERVINGTIME 下面的"SET"加热时间锁定按钮，再按下"START"启动键。

2.注意事项

（1）严禁烤箱内无食物而空烤。

（2）严禁将除餐食外的其他物品放入烤箱，尤其是易燃物品。

（3）加热餐食前需要检查餐盒内是否有干冰，若有应取出。

（4）加热过程中烤箱门要关好，以防热气散失以及食物掉出。

（5）飞机升降过程中不能使用烤箱。

（6）随时检查烤箱工作状态，以防出现异常。

（三）烧水杯

图 2-24　飞机烧水杯

烧水杯（图 2-24）可将少量饮用水快速加热到 100℃，由电源插座、计时器开关、工作指示灯组成，其中烧水由旋转式计时器开关控制。

1.烧水杯的使用方法

（1）在烧水杯中注入七八成水。

（2）将烧水杯的插头插在插座上，并用固定架锁好。

（3）顺时针旋转计时开关，设定烧水时间（0～15min），工作指示灯亮起。

（4）水烧开后，计时器在自动或人工控制下回到 0 位。

（5）抬起固定架，将烧水杯拔下。

2.注意事项

（1）严禁空烧。

（2）注水不宜过多或过少。

（3）先插后开，先关后拔。

（4）烧水过程中锁定烧水杯。

（四）餐车

餐车用于存储和运送餐食、饮品、机上销售物品或其他服务用品，如图 2-25 所示。餐车分为长车和对半车，其主要结构包括：推拉餐车的手柄、说明装载物品的标志牌栏、对餐食通风制冷的通风孔、锁定餐车门的门锁、制动板（红色：制动；绿色：解除制动）。

1. 餐车的使用方法

（1）在厨房内打开餐车位的护盖门或保护锁扣，踩绿色制动板，将餐车从停放处拉出。

（2）打开餐车门，将餐车门上的锁定手柄旋转至"OPEN"位置，再向外转动餐车门。

（3）往餐车内部及上面装载物品。

（4）推拉餐车进入客舱提供餐食和饮品。

图 2-25 飞机餐车

（5）回到厨房后将餐车门关闭：向内转动餐车门，再将餐车门上的锁定手柄旋转至"CLOSED"位置。

（6）将餐车归位并固定锁好，踩红色制动板。

2. 注意事项

（1）餐车上面摆放的餐食或饮品不宜过高，防止烫伤或溅到旅客身上。

（2）停止或停放餐车时需要使用制动。

（3）飞机起降或遇颠簸时应停止工作，餐车需归位并锁好。

（五）配电板

每个厨房内均配置有厨房配电板，配电板上安装有跳开关、厨房灯光控制开关和拨动开关（按钮开关），如图 2-26 所示。

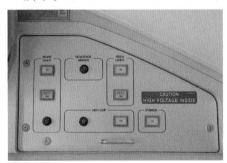

图 2-26 厨房配电板

1. 跳开关

跳开关是厨房内烤箱、烧水器、烧水杯等电器设备的保险装置，当电路出现过载时，自动断开电源。重启电器设备需要再次按下相应的跳开关。

2. 厨房灯光控制开关

厨房灯光包括区域灯光和工作灯光，其开关设在厨房配电板上，并且有两个按键：开关 ON、亮暗切换 BRIGHT/DIM。在飞行不同阶段使用不同的厨房灯光及明暗设置。

3. 拨动开关（按钮开关）

厨房配电板上设置有厨房电器设备的电源开关，有拨动式和按钮式，还配有指示灯。

（六）储藏柜

厨房内安装有多个储藏柜（图 2-27），一般用于存放食物、饮品等，但不能存放过重的

物品。储藏柜通过带把手的旋转手柄开关柜门，并可整体从安装位取下。

图 2-27　厨房储藏柜

（七）冷却板

厨房冷却板（图 2-28）一般安装在烤箱下方，扳动解锁手柄后可以抽出使用。其作用是通过金属热传导使热的餐食快速冷却，便于旅客食用。

图 2-28　厨房冷却板

（八）水槽

厨房废水经由水槽（图 2-29）排出，再通过飞机下部的两个排水桅杆（可加温）直接排出机外。为了不阻塞下水管，注意不要向水槽里倾倒固体废物（咖啡渣、茶叶袋、果肉等）。在废水槽上部有网状过滤筛，用于隔离固体废物，过滤筛不能被移除。

图 2-29　厨房水槽

（九）应急断水阀

当厨房设备（例如水龙头、烧水器等）的水源无法关断时，需要将该厨房的应急断水阀（图 2-30）移至 OFF 位，停止向该厨房供水。

二、盥洗室系统

波音 B737-800 机型共有 8 处可安装盥洗室（图 2-31）的位置，各航空公司决定盥洗室的数目和安装位置。盥洗室是标准尺寸整装组件。每个盥洗室包括下列设备：晕机呕吐袋存放处、烟灰缸（内部和外部）、扶手、乘务员呼叫按钮和复位电门、衣帽钩、婴儿换洗台（选装）、双轴厕纸架、面巾纸匣、灭火瓶、冲水马桶（带有马桶座和桶盖）、非玻璃镜（防碎裂）、残疾人扶手（选装）、信息和指示标牌（包括禁止吸烟信号）、灯控制开关、氧气面罩（2 个）、

图 2-30　厨房应急断水阀

纸杯分配器、呼叫系统扬声器、可拆卸废纸箱、RETURN TO SEAT（返回座位）信号牌、剃须刀插座（选装）、烟雾探测器（在天花板内）、皂液盒、洗手池（带有堵塞、水龙头和台板组件）、水加温器等。

每个盥洗室门上都配置有带有手柄的锁，该门朝向客舱一侧可打开。当有人在盥洗室内将门锁住时，"OCCUPIED（有人）"出现在该门面向客舱一侧的信号牌上。盥洗室服务组件（LSU）提供盥洗室通风，空气经每个盥洗室内的头顶通气孔排出。饮用水系统向洗手池供水。盥洗室地板是防水玻璃纤维结构，可防止腐蚀，并安装有防滑聚乙烯树脂地垫，与地板融合为一体。

（一）马桶

马桶多为高压抽气式，由马桶盖、马桶坐垫、冲水按钮和水关断阀门等组成，如图 2-32 所示。使用马桶后按下冲水按钮"PUSH"，马桶会自动抽气。注意不要将毛巾、纸巾、清洁袋、茶叶包等物品投入马桶。

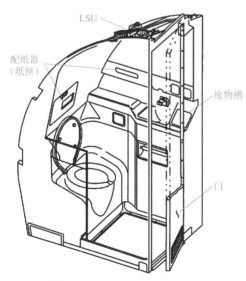

图 2-31　波音 B737-800 盥洗室

图 2-32　飞机马桶

（二）洗手池和废纸箱

洗手池上安装有水龙头。水龙头上设有温度选择旋钮或按钮，红色为热水，蓝色为冷水，如图 2-33 所示。当洗手池内积水过多时，按压积水钮可放出污水。

废纸箱位于洗手池下方，废纸箱门并列在洗手池侧方或下方，使用后自动弹回。注意严禁向废纸箱内丢弃烟头及易燃物品。

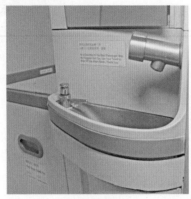 

a) 洗手池　　　　　　　　　　　b) 废纸箱

图 2-33　盥洗室洗手池和废纸箱

（三）呼叫按钮和服务标示及信号牌

1. 呼叫按钮

盥洗室内壁上设有旅客呼叫按钮。当旅客需要帮助时按下此按钮，盥洗室门外侧壁板上的琥珀色灯亮并响起单高谐音铃声。解除呼叫方法为按一下盥洗室门外侧壁板上的琥珀色灯，或者重按盥洗室内呼叫按钮。

2. 服务标示及信号牌

盥洗室内设有许多服务标示牌，如"请勿吸烟""衣帽挂钩""残疾人扶手"等（图 2-34），便于旅客更好地使用设备。此外，还有"返回座位"信号牌，位于呼叫按钮旁边，当发生紧急情况需要旅客返回座位时该信号牌会亮起。

"返回座位"信号灯　　旅客呼叫按钮

a) 呼叫按钮　　　　　　　　　　b) 服务标示牌

图 2-34　飞机盥洗室呼叫按钮及服务标示牌

（四）门闩

盥洗室门闩（图 2-35）外部设有盖板（LAVATORY）和标牌，当盥洗室内部有人插上门闩将门锁定后，标牌显示红色"OCCUPIED"（有人）；当盥洗室内无人时，标牌显示绿色"VACANT"（无人）。当有人被反锁在盥洗室内时，乘务员可以打开盖板（LAVATORY），用手从外部扳动锁定键至标牌显示"VACANT"（无人），打开门闩。

盥洗室镜灯受门闩控制，当插好门闩后镜灯自动亮起。当飞机在地面停留时，镜灯不受门闩控制，始终明亮。

图 2-35 飞机盥洗室门闩

（五）烟雾探测及灭火系统

1. 烟雾探测

图 2-36 波音 B737-800 烟雾探测器

盥洗室烟雾探测组件在盥洗室烟雾状态时给机组视觉和音响警告指示，由安装支架、电气接头、烟雾探测器、报警二极管（红色）、电源指示二极管（绿色）、报警喇叭、中止电门、过滤器等部件组成，如图 2-36 所示。每个盥洗室的天花板上都装有一个烟雾探测器。

2. 灭火系统

盥洗室灭火系统作用是扑灭洗手池下和废纸箱区域的着火，位于盥洗室洗手池下方，由灭火瓶、温度传感器、温度指示器等部件组成，如图 2-37 所示。盥洗室灭火瓶有两个释放口，针对洗手池下和废纸箱两个区域。释放口有易熔插头，当过热或火警时，易熔插头溶化，灭火瓶释放卤代烃灭火剂灭火，同时，温度指示器变色（由白色变为黑色）。

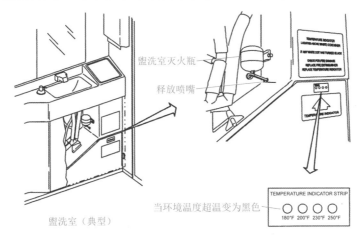

a) 结构图

b) 灭火瓶实物图

c) 温度指示器实物图

图 2-37 波音 B737-800 盥洗室灭火系统

（六）镜子

盥洗室的镜子（图 2-38）位于洗手池上方，共 2 块，并安装有荧光灯提供照明。

图 2-38　飞机盥洗室镜子

（七）婴儿换洗台

婴儿换洗台（图 2-39）一般位于马桶上方，在其上标有照顾婴儿的标识，使用时解锁放下。

图 2-39　飞机盥洗室婴儿换洗台

三、饮用水/污水系统

饮用水/污水系统向盥洗室和厨房提供饮用水并清除厨房水槽、洗手池和抽水马桶的污水，同时也去除门槛区域的雨水，包括饮用水系统、污水处理系统、污水箱水量指示系统等子系统。其中，饮用水系统向盥洗室和厨房供水，通过空调系统增压水箱，污水处理系统去除来自盥洗室、厨房和门框排水管的污水。

（一）饮用水系统

饮用水系统是向盥洗室和厨房提供饮用水，其由加水/溢流活门和控制钢索、盥洗室水龙头、前盥洗室排放活门、盥洗室水供应关断活门、水箱排放活门和控制钢索、饮用水加水接头等部件组成，主要向厨房水龙头、盥洗室水龙头、盥洗室马桶等位置供水。维护人员在水勤务面板（图 2-40）处给水箱加水和排水，其中加水时，打开加水/溢流活门并通过饮用水加水接头加水，直到水从饮用水排放口流出。波音 B737-800 机型饮用水系统如图2-41所示。

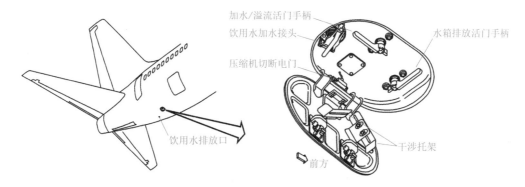

图 2-40　波音 B737-800 饮用水勤务面板

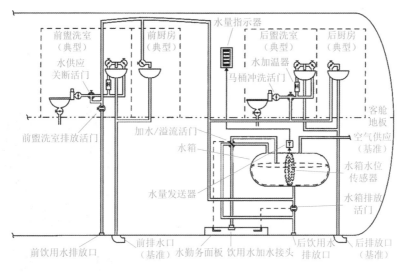

图 2-41　波音 B737-800 饮用水系统

1. 水箱

水箱位于后货舱后面，储存饮用水，由接近口盖（2 个）、水箱增压接头、压力开关、水溢流接头（立管）、加水接头、水位传感器、排水接头等部件组成，如图 2-42 所示。

水箱容量为 45 加仑（170.3L），但立管将最大容量减小到 40 加仑（151.4L）。水位传感器是铜网电容传感器，位于水箱衬里的外侧，是水箱必不可少的部件。

2. 盥洗室水供应关断活门

每个盥洗室均配置水供应关断活门，打开洗手池下方柜橱门可接近该活门，其位于柜橱的下部区域，可将水流与盥洗室部件隔离，如图 2-43 所示。

该活门是四通活门，有一路进水管和两路出水管，由一个活门体和一个控制手柄（黄色手柄带有红色指示点）组成。在活门上有四个挡位，分别为：

（1）OFF（关断）：活门关断供向所有盥洗室部件的水源。

（2）TOILET ONLY（仅供向马桶）：水只供向马桶。

（3）SUPPLY ON（供水）：水供向水龙头和马桶。

（4）FAUCET ONLY（仅供向水龙头）：水只供向水龙头。

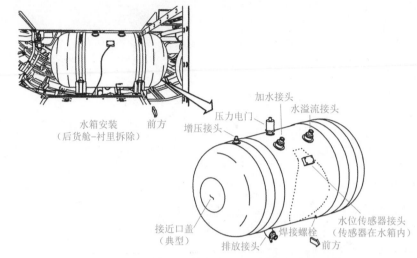

图 2-42　波音 B737-800 水箱

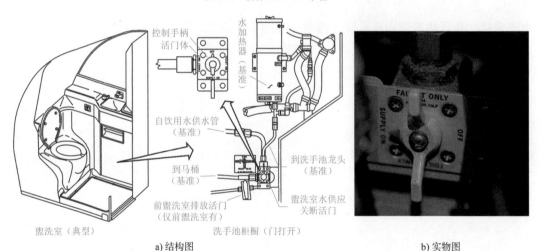

a) 结构图　　　　　　　　　　　　　　　　　　　b) 实物图

图 2-43　波音 B737-800 盥洗室水供应关断活门

3. 前盥洗室排放活门

前盥洗室排放活门只在飞机最前面的盥洗室内，打开洗手池下方的柜橱门可接近该活门，其位于柜橱的下部区域，可以排放前盥洗室供水管路内的水，如图 2-44 所示。

该活门由人工操作，由一个活门体和一个手柄组成。手柄可将活门置于"OPEN"或"CLOSE"位，并由铭牌显示：

（1）在"OPEN"位，前盥洗室排放活门将水从所有前盥洗室和厨房供水管路中排出。水经过前饮用水排放口排出机外。

（2）在"CLOSE"位，来自供水管路的水流向盥洗室和厨房部件。此时水不会流向机外。

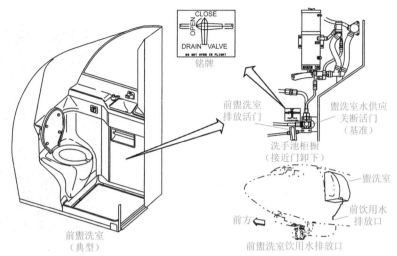

图 2-44 波音 B737-800 前盥洗室排放活门

4. 盥洗室水龙头

每个盥洗室均配置有水龙头。水龙头位于洗手池挡水板上，控制供向盥洗室洗手池的冷热水，由热水按钮、冷水按钮、装饰盖、安装螺钉、节流活门、排放按钮、调整螺钉等部件组成，如图 2-45 所示。安装螺钉和节流活门将装饰盖连接到水龙头上。调整螺钉可调节水流流量，并且热水管和冷水管各设有一个调节螺钉。

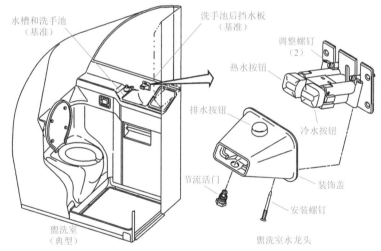

图 2-45 波音 B737-800 机型盥洗室水龙头

5. 水加温器

每个盥洗室均配置有水加温器，打开洗手池柜橱门可接近水加温器，其增加供向盥洗室热水龙头的水温，由电源电门、温度选择电门、电源指示灯、顶盖、过热电门、释压活门等部件组成，4min 内可将冷水加热至 52～56℃，如图 2-46 所示。温度选择电门可将水温设置为 LOW（低温，105℉/40℃）、MEDIUM（中温，115℉/46℃）、HIGH（高温，125℉/52℃）三种，当水温超过 170℉（76℃）时，电源指示灯显示电源可用但过热电门闭合，停止加热。另外，如果水加温器内部压力超过 140psi（1psi≈6.895kPa），释压活门将自动打开。

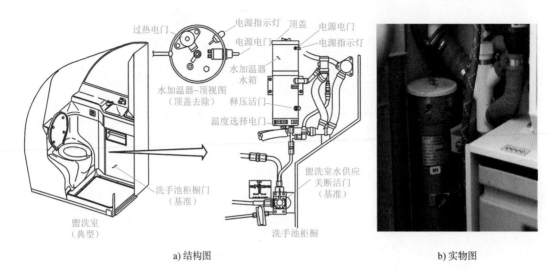

| a) 结构图 | b) 实物图 |

图 2-46　波音 B737-800 水加温器

6. 水量指示系统

　　水量指示系统测量并显示水箱内的水量，由水位传感器、水量发送器、水量指示器等部件组成，如图 2-47 所示。当水箱内水位改变时，水箱电容式水位传感器的电容会随之改变，位于乘务员控制面板上的饮用水组件接收水量发送器输出的电压，并将其转换为数字信号，控制 LED 分段显示屏。

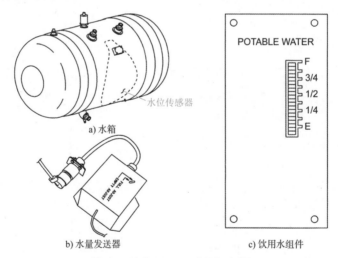

图 2-47　波音 B737-800 水量指示系统

　　在水量指示器上的 LED 分段显示屏为连续指示，以满水量的百分比来显示水量，从 E（空）到 F（满），间隔为 1/8 水箱容积。

（二）真空污水系统

　　真空污水系统清除马桶内的污水物质并将它存储在污水箱内，由马桶组件、污水箱、液体分离器、污水箱清洗喷头/过滤器/连接组件、污水排放活门组件、排水管阻塞清除活门、真空单向活门、真空抽气机（包括气压电门）等部件组成，如图 2-48 所示。

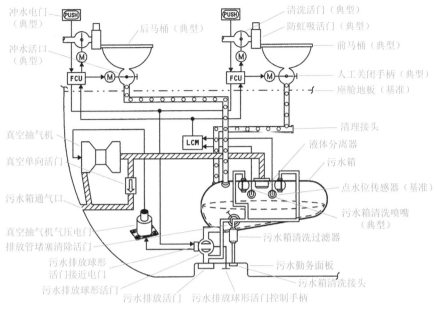

图 2-48　波音 B737-800 真空污水系统

　　污水箱收集盥洗室马桶的污水，靠真空抽气机或座舱压差产生的真空差使抽水马桶内容物由马桶流入污水箱。同时，真空单向活门防止真空抽气机从污水箱通气口吸入环境空气。勤务人员可以从污水勤务面板（图 2-49）为污水箱提供勤务。另外，防虹吸活门防止真空污水系统从饮用水系统虹吸饮用水，并且人工关断活门可关闭冲水活门。

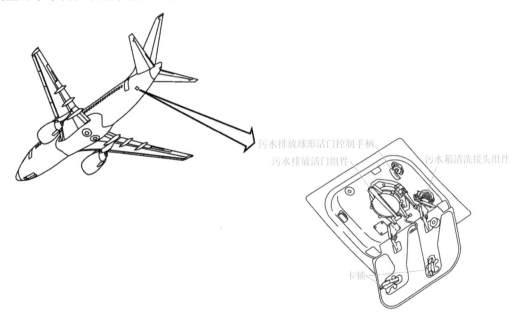

图 2-49　波音 B737-800 污水勤务面板

　　值得注意的是，冲水控制组件（FCU）通过接收逻辑控制组件（LCM）的启动信号来操作马桶组件。如果污水箱已满，则 LCM 禁止 FCU 工作。LCM 通过两个"点水位传感

器"来监控污水箱是否已满。

1. 冲水电门

冲水电门是瞬时闭合电门，位于马桶组件附近，向马桶组件上的冲水控制组件发送信号，为真空污水系统启动冲水循环，如图 2-50 所示。

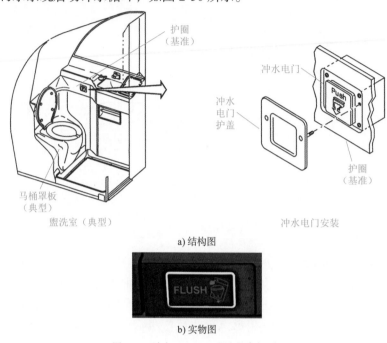

a) 结构图

b) 实物图

图 2-50　波音 B737-800 盥洗室冲水电门

2. 马桶组件

每个盥洗室均配置马桶组件，主要用于收集污物，并操纵真空污水系统将污物排入污水箱，由抽水马桶（见之前章节）、清洗集管、底座、清洗喷头（3 个）、清洗活门、防虹吸活门、冲水活门、人工关断手柄、冲水控制组件（FCU）等部件组成，如图 2-51 所示。

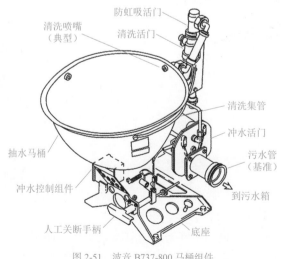

图 2-51　波音 B737-800 马桶组件

3. 污水箱

污水箱位于飞机左侧后货舱内，容积为 60 加仑（227L），用于存储盥洗室马桶的污物。污水箱是石墨纤维加强塑料容器，装有污水箱清洗喷头（2 个）、液体分离器、污水管进口（2 个）、排放管、点水位传感器（2 个）等接头，如图 2-52 所示。液体分离器位于污水箱顶部，作用是去除污水箱空气内的水分和污物。在水箱两端有接近口盖使维护人员检查或清洁水箱内部，在水箱后端的绑扎带和水箱前端的水箱安装座将污水箱固定到飞机结构上。

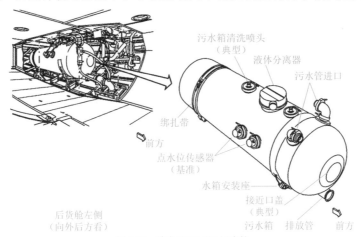

图 2-52　波音 B737-800 污水箱

（三）污水箱水量指示系统

污水箱水量指示系统测量并显示污水箱内污水量，由点水位传感器（2 个）、连续水位传感器、逻辑控制组件（LCM）、污水量指示器等部件组成，如图 2-53 所示。其主要功能如下：

（1）监控并显示污水箱内污水水位。

（2）当污水箱已满时，停止马桶工作。

（3）当盥洗室因为污水箱已满而停止工作时提供指示。

（4）当传感器积垢时提供指示。

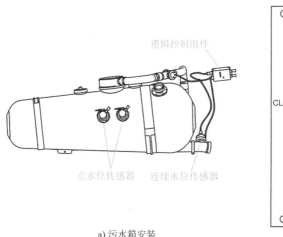

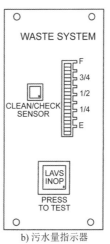

a) 污水箱安装　　　　　　　　b) 污水量指示器

图 2-53　波音 B737-800 污水箱水量指示系统

（5）BITE（自测试）。

1.点水位传感器

两个点水位传感器并排安装在污水箱内侧中央，提供给逻辑控制组件（LCM）污水箱是否已满的信号，它是电容型传感器，由传感器和电气接头组成，并由 LCM 供电，如图2-54所示。

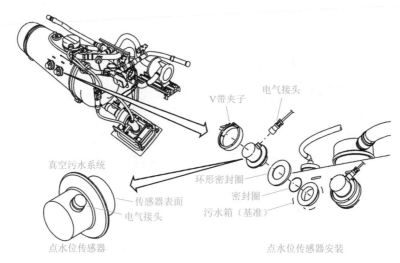

图 2-54　波音 B737-800 污水箱点水位传感器

点水位传感器可向 LCM 提供下列信号：

（1）污水箱未满（0V 直流）：当污水箱水位低于点水位传感器时，点水位传感器向 LCM 发送污水箱未满信号。

（2）污水箱已满（15V 直流）：当污水箱水位覆盖点水位传感器表面的 50％时，该点水位传感器向 LCM 发送污水箱已满信号。

（3）传感器积垢（1.83Hz）：点水位传感器可识别污物积聚在点水位传感器上和污水箱已满的区别。当积聚物超过 1/8 英寸（3.2mm）时，点水位传感器向 LCM 发送传感器积垢信号；如果积聚物超过 3/8 英寸（9.5mm）时，点水位传感器向 LCM 发送水箱已满信号。

（4）自检结果：当点水位传感器接收到 LCM 的系统自检输入信号时，开始自检。如果通过自检，发送给 LCM 0V 直流信号；如果未通过自检，发送给 LCM 1.83Hz 信号。

另外，为使点水位传感器能精确感受污水箱水位变化，污水箱必须接地到飞机结构。而且两个点水位传感器的其中一个被污染时，乘务员控制面板上的 CLEAN/CHECK SENSOR（清洁/检查传感器）指示灯点亮。

2.连续水位传感器

连续水位传感器安装在污水箱前底端的排放管上，用于测量污水箱内污水水位，它也是电容型传感器，由远程膜盒、传感器组件、毛细管等部件组成，如图 2-55 所示。传感器组件测量污水箱底部的水压，远程膜盒测量污水箱内空气压力，并将此压力经过毛细管传送至传感器组件。最终由传感器组件计算污水箱内的空气压力与排放管内的液体压力之间的差值，进而换算出污水箱污水水位，并输出信号至 LCM。

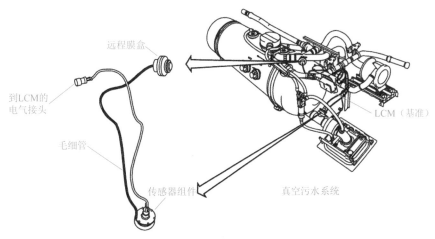

图 2-55　波音 B737-800 污水箱连续水位传感器

3. 污水量指示器

污水量指示器位于后乘务员控制面板，用于显示污水箱的污水水位，由水量指示器、CLEAN/CHECK SENSOR（清洁/检查传感器）指示灯、LAVS INOP（盥洗室不工作）指示灯和检测电门等部件组成，如图 2-56 所示。

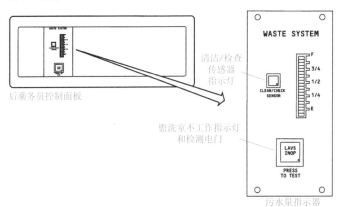

图 2-56　波音 B737-800 机型污水量指示器

污水量指示器使用 LED 分段显示屏显示污水量，从 E（空）到 F（满）以 1/8 水箱容量为增量。当污水箱水位小于或等于 3 英寸（7.6cm）且下列条件之一存在时，CLEAN/CHECK SENSOR 指示灯点亮。

（1）某个点水位传感器积垢。

（2）某个点水位传感器未通过系统自检。

（3）存在传感器不一致信号，即一个点水位传感器发送污水箱已满信号，而另一个传感器没有信号。

当污水箱水位大于 3 英寸（7.6cm）但低于污水箱满水位时，连续水位传感器经过 LCM 发送禁止 CLEAN/CHECK SENSOR 指示灯点亮的信号，防止当颠簸或飞机机动引起的飞溅导致指示灯点亮。当两个点水位传感器都发送污水箱已满信号时，LAVS INOP 指示灯点亮。

当按压 LAVS INOP 检测电门时，可进行系统自检。如果所有部件都通过系统自检，污水量指示器显示水箱已满并且 CLEAN/CHECKSENSOR 指示灯熄灭。

📖 民航故事 📖

灵敏的鼻子

2008 年 3 月 7 日 11 时 20 分，中国南方航空公司编号为 6901、从乌鲁木齐前往北京的航班起飞。没过多久，当值空姐像往常一样开始分发饮品和坚果，期间一对男女表现极为异常，十分抵触与空姐交谈，眼神也飘忽不定，似乎在有意回避什么。

飞行一个小时后，旅客们纷纷歪头小憩。那个男人似乎收到了什么信号一般，看了女人一眼，女人心领神会，从随身行李中取出一罐饮品，溜进了盥洗室，许久都没有出来。紧接着，客舱内突然弥漫出一股奇怪的味道，空姐当即警觉起来，她询问周围的旅客有没有感觉到异常，一位大妈声称闻到了一种低劣的香水味。

空姐经过仔细检查，确信其来源于盥洗室内，于是立即敲门向那个女人询问发生了什么么。女人敷衍了几句，突然开门走回自己的座位。空姐闻到她身上有一股汽油、香水混合的味道，为了一探究竟，她借着清扫盥洗室的名义，在其中四处翻找，终于在垃圾桶里找到了一只空易拉罐，其中还残留有汽油液体。

空姐心里一紧，凭借过硬的职业素养，她不动声色地向飞机上的安保员求助，安保员随后走进客舱，向那名女子盘问相关情况。那名女子明显有些慌乱，不断用求助的目光看向一旁的男人。安保员由此确定两人心怀不轨，将其带到指定位置搜查，果然在其身上又搜出一罐汽油。众人意识到情况紧急，连忙向机长汇报。

机长迅速请求就近降停以排除险情，同时用机上广播安抚已经有些惊慌的旅客。半个小时后，飞机停入兰州机场，已经等候多时的公安民警迅速疏散所有旅客，并扣押了那对图谋不轨的男女。经过审讯，他们承认自己受雇于境外势力，原本打算在飞机盥洗室里点燃汽油引发爆炸，结果被空姐发现并及时阻止了。

图 2-57　飞机上的违禁品图示

警方疑惑，这对男女是如何逃避严密的安检，将汽油带上飞机的？经过后续调查得知，原来在过安检的时候，那个女人将汽油伪装成饮品，按照规定，她应当打开喝一口，但安检员担心易拉罐打开后无法密封，登机时遇到晃动会泼洒出来，这会给机组人员带来额外工作量，于是便放过了那名女子，结果差点引发重大安全事件！

经过紧张排查，确认险情被排除后，航班继续向北京飞去，圆满地完成了飞行任务。航空公司很赞赏机组人员的细心勇敢，那名有着灵敏的危险信号嗅觉的空姐更是两次获得表彰，被评为杰出员工。涉事机场则被相关部门警告，随后开展整顿工作，而那名疏忽大意的安检员，则受到了严厉批评。

图 2-57 所示为飞机上的违禁品图示。

1. 波音 B737-800 厨房主要有哪些设备？它们各有什么特点？
2. 波音 B737-800 盥洗室主要有哪些设备？它们各有什么特点？
3. 波音 B737-800 饮用水/污水系统由哪些部件组成？它们分别有什么作用？
4. 波音 B737-800 污水箱的点位传感器和连续传感器各有什么作用？

第四节　客舱通信系统

波音 B737-800 客舱通信系统由旅客广播系统（PA）、勤务内话系统（SERVICE INTERPHONE）、飞行机组呼叫系统/座舱内话系统（FLIGHT CREW CALL SYSTEM/CABIN INTERPHONE）、旅客娱乐系统（PES）、乘务员控制面板等子系统组成。其中，旅客广播系统提供对客舱及驾驶舱广播的功能，旅客娱乐系统向旅客提供音频及视频娱乐，而内话系统包括勤务内话、客舱内话和飞行内话以及相对应的空勤呼叫系统和地勤呼叫系统。

一、旅客广播系统

旅客广播系统（PA）（图 2-58）将飞行机组通告、预录/存储的通告、机上音乐、提示音等音频传送给客舱和驾驶舱，由下列部件组成。

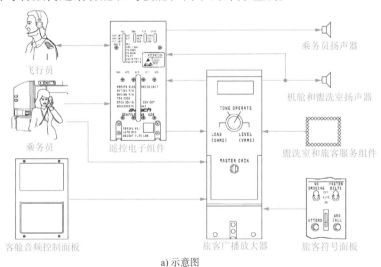

a) 示意图　　　　　　　　　　　　　　b) 驾驶舱旅客符号面板实物图

图 2-58　波音 B737-800 旅客广播系统（PA）（典型）

（1）PA 放大器：位于电子设备舱 E1-3 架上，放大具有最高优先权的音频输入，音频经遥控电子组件（REU）传送到客舱和盥洗室扬声器。PA 放大器每次只能处理一个音频，音频输入来源有客舱音频控制面板、飞行员话筒、乘务员手提内话机等。另外，其还能提供 PA 音频的提示音信号。

（2）客舱音频控制面板：位于前乘务员座椅上方，提供通告和音乐。

（3）旅客符号面板：该面板设置在驾驶舱的 P5 头顶面板上，其上有表示乘务员呼叫指示的指示灯，还有禁止吸烟、系好安全带、乘务员呼叫、地面呼叫等可以使指示灯亮并发出提示音的开关。

（4）乘务员手提内话机（HANDSET）：位于乘务员座椅附近，从前或后乘务员站位发布 PA 通知。

（5）机舱和盥洗室扬声器：将 PA 放大器输出信号变为音频。

（一）PA 放大器

PA 放大器可设置优先权、放大并向飞机扬声器和系统发送音频信号，还向乘务员和旅客发送高/低谐音（提示音）信号，PA 放大器内的优先权电路接收音频输入并设置优先权。

（1）第一优先权：驾驶舱音频。

（2）第二优先权：乘务员话筒。

（3）第三优先权：来自通告/机上音乐播放器的通告。

（4）第四优先权：来自通告/机上音乐播放器的机上音乐。

另外，PA 放大器在下列情况下还可发出提示音：

（1）"请勿吸烟/系好安全带"灯亮，发出低谐音"咚"。

（2）从盥洗室或旅客服务组件按乘务员呼叫按钮，发出高谐音"叮"。

（3）从驾驶舱或乘务员控制面板按乘务员呼叫按钮，发出高/低谐音"叮咚"。需要注意的是，飞行员或乘务员有提醒呼叫时，高/低谐音响三次。

（二）客舱音频控制面板

客舱音频控制面板可以播放机上音乐和预先录制好的通告，其控制和显示包括：数字键盘、LED 显示、START 开关、STOP 开关、音量控制（VOLUME）、预录通告（ANNC）选择、登机音乐（MUSIC）选择、飞行（FLIGHT）开关、READY 灯等，如图 2-59 所示。

图 2-59　波音 B737-800 音频控制面板

微处理器是音频控制面板的主要内部控制元件，接收驾驶舱 PTT、乘务员手提内话机 PTT、键控开关和显示、固态存储话音（SSSU）储存器等部件的信号。从驾驶舱和乘务员手提内话机发出的 PTT 信号可暂停通告及音乐播放。PTT 停止后，通告及音乐自动继续播放。

（三）旅客广播系统操作

旅客广播系统操作主要是机组通告和客舱音频控制面板操作（图 2-60）。

1. 机组通告操作

机组通告来自驾驶舱和乘务员站位，其中飞行员主要靠吊架式话筒、氧气面罩话筒、飞行内话手持话筒等部件发布通告。用吊架式话筒或氧气面罩话筒发布通告时，必须先在驾驶舱音频控制面板（ACP）上选择话筒源（吊架或面罩），然后设置话筒选择器开关，用 PA 接收机音量控制调节接收的 PA 音量。在接通话筒时，可以使用 ACP 上的 PTT 开关，也可以使用驾驶盘上的 PTT 开关。同时，通过 ACP 上的话筒选择开关，还可以使用飞行内话手持话筒发布通告，即按手持话筒的 PTT 开关通过话筒讲话。

乘务员通告来自前/后乘务员手提内话机，发布通告步骤如下：

（1）按手提内话机上的 PA 开关（"8" 键）。

（2）按住 "PASSENGER ADDRESS PUSH TO TALK" 开关。

（3）通过手提内话机的话筒发布通告。

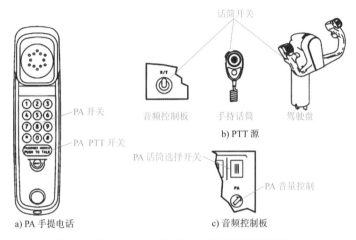

图 2-60　波音 B737-800 机型旅客广播系统机组通告操作

2. 客舱音频控制面板操作

客舱音频控制面板操作步骤如下：

（1）存储设备上已预存音乐，按数字键盘设置通告地址。LED 显示器显示信息的节目数字码（地址）。

（2）按 ANCC 按键选择通告，当选好通告时，READY 灯亮。在每个节目后面有 20s 空白，可使客舱音频控制面板从头开始播放音乐。

（3）按 MUSIC 按键选择音乐，按音量控制箭头增加或降低音乐音量。

（4）按 START 开关开始播放通告，也可在 READY 灯亮之前按 START，这时在找到通告后就会播放该通告。

（5）按 STOP 开关停止播放通告。

二、勤务内话系统

勤务内话系统主要为飞行机组、乘务员、地面人员等提供通话服务，其中地面/机组用勤务内话系统是与机组人员或相互之间进行通话，乘务员用勤务内话系统是与飞行员或相互之间进行通话。勤务内话插孔（图 2-61）遍布飞机各个不同的位置，包括外接电源面板 P19 板、电子设备舱、后翼接近门后面的加油位、右轮舱、左轮舱、后厨房（乘务员站位上面的天花板）、APU 勤务区等。

飞行机组从驾驶舱音频控制面板（ACP）上选择勤务内话

图 2-61　波音 B737-800 勤务内话插孔

功能，然后由飞行内话话筒向遥控电子组件（REU）发送音频，同时飞行内话的头戴式耳机和扬声器从 REU 获得音频。飞行机组也可用手提内话机听筒在勤务内话系统中通话，连接到系统中无须 ACP 控制。

乘务员使用手提内话机听筒连接到勤务内话系统上，乘务员控制面板把手提内话机听筒与 REU 相连，如图 2-62 所示。其中手提内话机听筒的位置有：

（1）前乘务员站位：在乘务员控制面板下方，靠近前机舱门。

（2）后乘务员站位：在乘务员控制面板下方，靠近后机舱门。

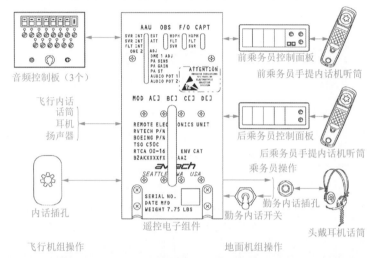

a) 结构图

b) 驾驶舱 P5 后顶板勤务内话开关实物图

c) 驾驶舱音频控制面板实物图

图 2-62　波音 B737-800 勤务内话系统组成

地面人员话筒通过勤务内话开关连接到系统中，此开关在驾驶舱 P5 后顶板上，必须打开勤务内话开关才能从勤务位的插孔上操作系统，同时耳机从 REU 获得音频。勤务内话系统接口包括飞行机组接口、乘务员接口、勤务接口等。

三、飞行机组呼叫系统/座舱内话系统

飞行机组呼叫系统/座舱内话系统（图 2-63）可用于飞行机组与乘务员之间相互呼叫，即完成驾驶舱到乘务员站位、乘务员站位到驾驶舱、乘务员站位到乘务员站位的呼叫，由手提内话机听筒（2 个）、旅客符号面板、乘务员呼叫灯、应急出口标志灯（2 个）、声音警告模块等部件组成。

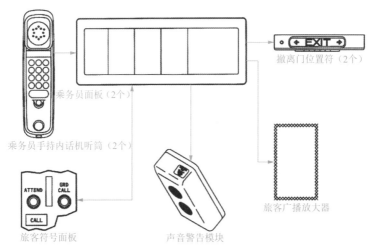

图 2-63 波音 B737-800 飞行机组呼叫系统/座舱内话系统

（一）接口

飞行机组呼叫系统/座舱内话系统接口包括电源接口、旅客符号面板接口、乘务员手提内话机接口等。在旅客符号面板上安装有乘务员呼叫开关，可向前乘务员控制面板内的手提内话机逻辑控制组件发送呼叫信号。乘务员手提内话机连接到两个乘务员控制面板内的内话机逻辑控制组件上，能够向驾驶舱或其他乘务员站位发送呼叫信号。

（二）手提内话机

手提内话机位于客舱的前/后乘务员站位，由听筒（图 2-64）、话筒、按键开关组成。乘务员用手提内话机相互通话，也可通过旅客广播系统发布通告。通过手提内话机磁簧片可查看其在开位还是关位。从挂钩上拿起手提内话机时，可使话筒和听筒与勤务内话系统相连。

a) 示意图　　　b) 实物图

图 2-64 波音 B737-800 手提内话机听筒

手提内话机的按键开关功能如下：

（1）按 2 呼叫飞行员，驾驶舱旅客符号面板上的"CALL"灯亮，并有高/低谐音提示音。

（2）按 5 呼叫另一乘务员站位，使对应位置上的乘务员呼叫灯亮，并在客舱产生高/低

谐音提示音。

（3）按 8 将手提内话机连接到旅客广播系统（PA）。

（4）按 PTT 开关向 PA 发布通知。

（5）按 RESET 键断开与 PA 系统的连接或取消呼叫。

（6）按 2 三次（222）提醒飞行员有紧急情况。

（三）操作

使用飞行机组呼叫系统/座舱内话系统可以进行飞行员对乘务员呼叫、乘务员对飞行员呼叫、乘务员对乘务员呼叫等操作。

1. 飞行员对乘务员呼叫

在驾驶舱旅客符号面板上按 ATTEND 开关时，乘务员站位上方应急出口标识灯（EXIT）上的粉色乘务员呼叫灯点亮，并且客舱扬声器发出高/低谐音提示音，直到任一手提内话机从基座上取下时，乘务员呼叫灯才会熄灭。如果在乘务员呼叫灯点亮时，手提内话机已经取下，按内话机上的 RESET 键可以使呼叫灯熄灭。

2. 乘务员对飞行员呼叫

当按乘务员手提内话机上的按键 2 时，驾驶舱旅客符号面板上的"CALL"灯点亮，同时声音警告模块传送给驾驶舱高谐音提示音。直到按乘务员手提内话机上的 RESET 键或把内话机放回到基座上，"CALL"灯才会熄灭。当乘务员的手提内话机设在 PA 状态时，必须按内话机上的 RESET 键，才能呼叫飞行员。

3. 乘务员对乘务员呼叫

当按乘务员手提内话机上的按键 5 时，另一个乘务员站位上方应急出口标识灯（EXIT）上的粉色乘务员呼叫灯点亮，并且客舱扬声器发出高/低谐音提示音。直到另一个乘务员站位上的手提内话机从基座上取下时，乘务员呼叫灯才会熄灭。如果在乘务员呼叫灯点亮时，手提内话机已经取下，按内话机上的 RESET 键可以使呼叫灯熄灭。

四、旅客娱乐系统

波音 B737-800 旅客娱乐系统包括视频系统和音频系统。视频系统用于播放电视节目、安全须知和飞行情况等内容，音频系统用于播放机上音乐和预录通告等内容。

（一）视频系统

视频系统（图 2-65）为旅客提供视频节目，其主要由录像机（VTR）或视频存储器、视频系统控制单元（VSCU）、视频分配单元（VDU）、视频显示器等部件组成。视频控制中心位于客舱左侧靠近前登机门的储物柜里。

录像带或数字存储器中的视频和音频信号由 VSCU 控制，再由 VDU 分配给不同区域的视频显示器。视频显示器位于旅客上方的旅客服务组件（PSU）内，以及舱壁的隔板上。VDU 位于天花板上方，每组 VDU 包括 1/2/3/4

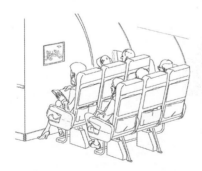

图 2-65　波音 B737-800 旅客娱乐视频系统

个单元。波音 B737-800 视频系统图如图 2-66 所示。

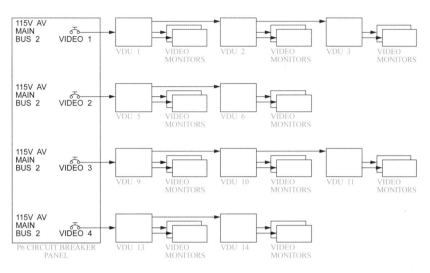

图 2-66　波音 B737-800 视频系统系统图

115V AC MAIN BUS 2-2 号 115 伏交流主汇流条；VIDEO-视频；VIDEO MONITORS-视频显示器；P6 CIRCUIT BREAKER PANEL-P6 跳开关面板

　　旅客广播系统向 VSCU 发送信号，即当飞行机组（优先 1）、客舱乘务员（优先 2）、预录通告（优先 3）等音频来源传送时，视频暂停。另外，当旅客氧气系统工作时，氧气指示灯继电器通电，导致 VSCU 关闭，进而停止播放视频，关闭显示器。

（二）音频系统

　　音频系统（图 2-67）发送预录的娱乐音频和旅客广播音频到每个旅客座位，其由音频娱乐播放器（AEP）、音频选择器（AMUX）、座椅电子设备盒（SEB）、BITE（自测试）面板、旅客控制组件（PCU）等部件组成。除了 AEP 和 AMUX 在电子设备舱，其余组件均在客舱。

　　旅客使用旅客控制组件选择音频程序，可以收听音频播放器或录像机中的音频娱乐信号，还可以收听旅客娱乐视频系统的视频音频（双通道音频）和旅客广播系统的通告。在旅客广播系统通告发送中，PA 放大器将飞行机组（优先 1）、客舱乘务员（优先 2）的

图 2-67　波音 B737-800 旅客娱乐音频系统

通告传送到音频选择器，此时音频系统暂停工作，旅客也无法改换频道。音频播放器将 16 路音频信号发送到音频选择器，音频选择器直接向每列座椅第一个座椅的电子设备箱发送信号，然后在每列座椅中依次传递。

五、乘务员控制面板

　　波音 737-800 配有前/后两个乘务员控制面板，分别位于前/后舱门的乘务员工作区，分为按键式面板和液晶显示式面板，如图 2-68 所示。

前乘务员控制面板P13

后乘务员控制面板P14

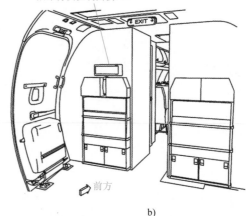

前方

前方

a)

b)

图 2-68　波音 B737-800 乘务员控制面板位置

（一）按键式乘务员控制面板

1. 前乘务员控制面板（FAP）

前乘务员控制面板（图 2-69）位于前舱门乘务员座位上方，设有自备梯收/放控制系统、旅客娱乐控制系统和客舱灯光控制系统，按键说明如下：

（1）FORWARD AIRSTAIR：OFF/AUTO/ON：自备梯照明控制开关：关/自动/开。

（2）EXTEND：展开自备梯。

（3）RETRACT：收起自备梯。

（4）STANDBY：准备就绪。

（5）STAIRS OPER：琥珀色工作指示灯。

（6）ENTERTAINMENT：娱乐系统控制开关。

（7）ENTRY：OFF/DIM/BRIGHT：入口灯：关/暗（10%亮度）/亮（100%亮度）。

（8）CEILING：NIGHT/OFF/DIM/MEDIUM/BRIGHT：顶灯：夜间/关/暗（10%亮度）/中（50%亮度）/亮（100%亮度）。

（9）WINDOW：OFF/DIM/BRIGHT：窗口灯：关/暗（10%亮度）/亮（100%亮度）。

（10）WORK：工作灯。

（11）GROUND SERVICE：地面勤务电源开关。

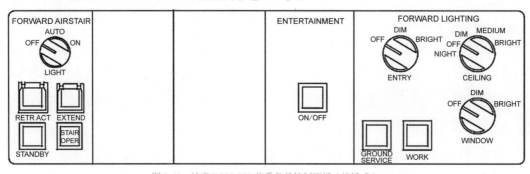

图 2-69　波音 B737-800 前乘务员控制面板（按键式）

2.后乘务员控制面板（AAP）

后乘务员控制面板（图 2-70）位于后舱门乘务员座位上方，设有饮用水系统、污水系统和客舱灯光控制系统，按键说明如下：

（1）POTABLE WATER：饮用水系统。

（2）WASTE SYSTEM：污水系统。

（3）CLEAN CHECK SENSOR：清洁/检测污水箱传感器。

（4）LAVS INOP：污水箱已满。

（5）ENTRY：OFF/DIM/BRIGHT：入口灯：关/暗（10%亮度）/亮（100%亮度）。

（6）WORK：工作灯。

（7）EMERGENCY：应急灯。

图 2-70　波音 B737-800 后乘务员控制面板（按键式）

（二）液晶显示乘务员控制面板

液晶式乘务员控制面板采用 LCD 触摸显示屏技术，替换了旧式乘务员按键式面板，设有客舱灯光控制、客舱温度控制、水系统的控制和监控等。在登录时，液晶显示屏需要 5～10s 启动时间，启动完成后点击屏幕的任意三个角进入控制页面，如图 2-71 所示。

1.前乘务员控制面板

（1）灯光控制页面（图 2-72）：提供九种标准灯光场景（前后显示屏均可以控制和显示客舱灯光场景），以及前/后出口区域（Forward Entry Area/Aft Entry Area）的灯光明/暗（White Bright/White Medium）和开/关控制（Work），注意灯光场景之间的切换会有 5～30s 延迟。另外，页面右侧的飞机图形能够显示当前的灯光状态。

图 2-71　启动页面

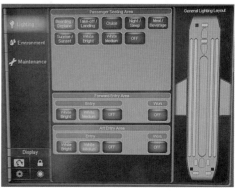

图 2-72　灯光控制页面（前乘务员控制面板）

其中客舱区域（Passenger Seating Area）灯光场景包括：①Boarding/Deplane，正常模式。②Take-off/Landing，起飞/着陆模式。③Cruise，巡航模式。④Night/Sleep，夜晚和睡眠模式。⑤Meal/Beverage，用餐模式。⑥Sunrise/Sunset，日出/日落模式。⑦White Bright，明亮模式。⑧White Medium，暗亮模式。⑨OFF：关断模式。

（2）环境控制页面（图2-73）：控制前段客舱的温度。

（3）维护页面（图2-74）：输入维护代码后进行相关系统的维护工作。

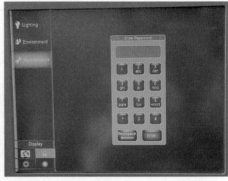

图2-73　环境控制页面（前乘务员控制面板）　　　　　　　　图2-74　维护页面

（4）清洁页面（图2-75）：按下左下角的手型清洁键后，屏幕会锁定30s以进行屏幕清洁工作，在这期间无法进行任何操作。

2. 后乘务员控制面板

（1）灯光控制页面（图2-76）：与前乘务员控制面板的功能相同，不再说明。

图2-75　清洁锁屏　　　　　　　　图2-76　灯光控制页面（后乘务员控制面板）

（2）环境控制页面（图2-77）：显示飞机当前饮用水量和污水量，以及后段客舱温度调节，按键说明如下：

①Potable Water：饮用水系统。

②Vacuum Waste：污水系统。

③LAVS INOP：污水箱已满。

④CLEAN CHECK SENSOR：清洁/检测污水箱传感器。

⑤Aft Cabin Temperature Control：后段客舱温度控制。

（3）应急灯开关（图2-78）：位于液晶屏左侧，控制应急灯光。

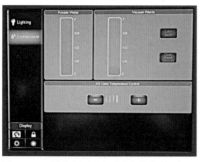

图 2-77　环境控制页面（后乘务员控制面板）　　　　　　图 2-78　应急灯开关

📖 民航故事 📖

无声的爱

2021 年 10 月 25 日，由温州飞往太原的航班上，东航山西客舱部一乘务长接到通知，本次航班有一名听障老年旅客。得此信息后，她立刻开始给组员分工，只见乘务员们纷纷忙碌起来，有拿毛毯的，有拿好纸笔开始写卡片的，还有在舱门等待随时为旅客提拿行李、指引座位的。在与地服人员做好一切交接工作后，乘务员引导这位特殊旅客走到他的座位，安顿其坐好并将行李安放妥当。

随后，乘务员把提前写好的爱心卡片（图 2-79）依次拿给这位特殊旅客，卡片内容有机上应急设备与安全出口的位置、呼唤铃和盥洗室的位置、"如果需要帮助，可以按响头顶上方的呼唤铃，我们随时在您身边提供服务"等字样，乘务员还同时用手势进行示意。看着暖心的卡片和细致的指引，这位旅客笑着连连点头。

图 2-79　东航乘务员的爱心卡片

在餐饮服务过程中，乘务组耐心地将饮品品种一一写在卡片上递给旅客，看到乘务员如此贴心，旅客们微笑着竖起大拇指。航班落地后，乘务员为旅客们拿取行李，这位特殊旅客在下机时用手语向大家表示感激，然后递给乘务长一张卡片："谢谢孩子们，谢谢您们！"虽然只有很简短的几个字，但组员们看着却很暖心，这是对大家工作极大的肯定。

这样的故事每天都在发生着，虽没有波澜壮阔，却足以温暖人心。乘务员们尽心尽力为每位旅客提供细致、周到的服务，通过换位思考、用心关怀，让旅客感受到客舱中的爱与温暖。

📖 思 考 题 📖

1. 波音 B737-800 旅客广播系统主要由哪些部分组成？它们各有什么特点？
2. 波音 B737-800 勤务内话系统主要由哪些部分组成？它们各有什么特点？
3. 波音 B737-800 呼叫系统主要由哪些部分组成？它们各有什么特点？
4. 波音 B737-800 旅客娱乐系统主要由哪些部分组成？它们各有什么特点？

第五节　客舱灯光系统

波音 B737-800 客舱灯光系统主要由窗口灯、顶灯、旅客阅读灯、旅客信号牌、乘务员工作灯、厨房灯、盥洗室灯和信号牌、旅客和盥洗室呼叫灯、入口灯和应急灯等组成。在前/后乘务员控制面板均可以控制客舱灯光（应急灯只能由后乘务员控制面板上的开关控制）。

一、窗口灯

窗口灯用于提供客舱行李舱下方区域的照明，安装在客舱舷窗上方突出部分的侧壁板和旅客服务组件之间，由镇流器组件、荧光灯管、灯罩透镜等部件组成，如图 2-80 所示。

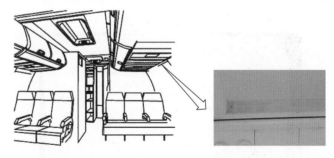

图 2-80　波音 B737-800 窗口灯

窗口灯由按键式前/后乘务员控制面板上的三位电门控制，三位电门的控制位置分别为：OFF（断开）、BRT（明亮）、DIM（暗亮）。在新一代飞机上，其由液晶显示屏灯光系统页面的按键控制。

二、顶灯

顶灯用于提供客舱走廊和行李舱上方区域的照明，分为箱型灯和凹座灯两种类型，箱形灯（荧光灯和白炽灯）安装在行李舱的顶部，凹座灯（荧光灯）安装在前/后天花板内，如图 2-81 所示。

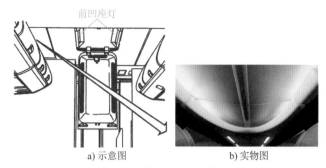

a) 示意图　　　　　　　b) 实物图

图 2-81　波音 B737-800 顶灯

顶灯由按键式前/后乘务员控制面板上的五位旋转电门控制，五位电门的控制位置分别为：OFF（断开）、NIGHT（夜间）、DIM（暗亮）、MED（中等）、BRIGHT（明亮）。在新一代飞机上，其由液晶显示屏灯光系统页面的按键控制。

三、旅客阅读灯

旅客阅读灯向每个旅客提供定位灯光，安装在旅客服务组件中，由聚光圈/透镜箍、灯罩透镜、灯泡、锁定/开锁把手等部件组成，如图 2-82 所示。

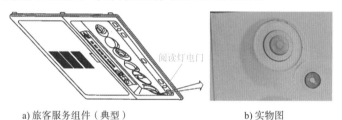

a) 旅客服务组件（典型）　　　　　　　b) 实物图

图 2-82　波音 B737-800 旅客阅读灯

四、旅客信号牌

旅客信号牌使用白炽灯，用于向旅客和乘务员提供下列指示："请勿吸烟""系好安全带""返回座位"。"请勿吸烟"和"系好安全带"灯位于旅客服务组件、前左风挡、厨房、盥洗室等位置，"返回座位"灯位于盥洗室内，如图 2-83 所示。

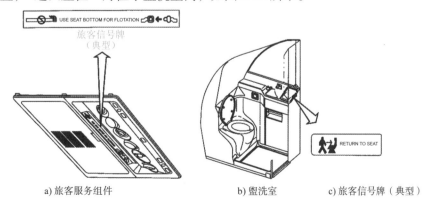

a) 旅客服务组件　　　　b) 盥洗室　　　　c) 旅客信号牌（典型）

图 2-83　波音 B737-800 旅客信号牌

旅客信号牌由驾驶舱 P5 前顶板上的两个三位电门控制：请勿吸烟灯电门和系好安全带灯电门。

（1）当电门位于接通位"ON"时，所有旅客信号牌灯点亮，且伴随低谐音提示音。

（2）当电门位于断开位"OFF"时，所有旅客信号牌灯熄灭。

（3）当电门位于自动位 AUTO 且后缘襟翼电门不在上位时，"系好安全带"灯、"返回座位"灯点亮，且伴随低谐音提示音。

（4）当电门位于自动位 AUTO 且起落架手柄置于起落架放下位时，"系好安全带"灯、"请勿吸烟"灯、"返回座位"灯点亮，且伴随低谐音提示音。

（5）当电门位于自动位 AUTO 且氧气指示继电器工作时，"系好安全带"灯、"请勿吸烟"灯点亮，且伴随低谐音提示音。

五、乘务员工作灯

乘务员工作灯用于向乘务员工作台提供照明，位于乘务员工作台上方的天花板上，每个工作台均有一个工作灯。乘务员工作灯的控制电门在前/后乘务员控制面板上。乘务员工作灯为白炽灯，由白炽灯泡和透镜组成，如图 2-84 所示。

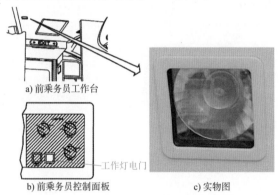

a) 前乘务员工作台

b) 前乘务员控制面板

c) 实物图

图 2-84　波音 B737-800 机型乘务员工作灯

六、厨房灯

厨房灯（图 2-85）用于厨房的照明，由荧光灯、透镜、壳体、镇流器等部件组成，前厨房灯位于前勤务入口门的上方，后厨房灯位于后厨房天花板中部。

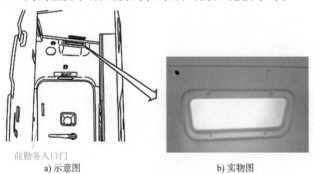

前勤务入口门

a) 示意图

b) 实物图

图 2-85　波音 B737-800 厨房灯

当厨房灯电门分别在断开位 OFF、暗亮位 DIM、明亮位 BRT 位时，厨房灯分别进入断开模式、暗亮模式和明亮模式。

七、盥洗室灯和信号牌

盥洗室灯（图 2-86）用于盥洗室的照明，包括一个白炽灯和一个荧光灯，还设有电缆头、门接近电门和镇流器组件。盥洗室灯安装在镜子上，盥洗室灯镇流器组件安装在邻近盥洗室天花板的旅客服务组件上，门接近电门安装在门框上。

盥洗室信号牌（图 2-87）用于显示盥洗室是否占用，有人时为红色，无人时为绿色。

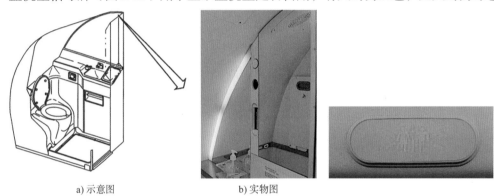

a) 示意图   b) 实物图

图 2-86 波音 B737-800 盥洗室灯   图 2-87 波音 B737-800 盥洗室信号牌

八、旅客和盥洗室呼叫灯

旅客和盥洗室呼叫灯（图 2-88）为白炽灯，位于客舱前/后天花板应急出口标志灯（EXIT）上，用于将机组或旅客需要帮助的信息指示给乘务员。灯上有镜盖，分为蓝色、琥珀色和粉色三种指示色。

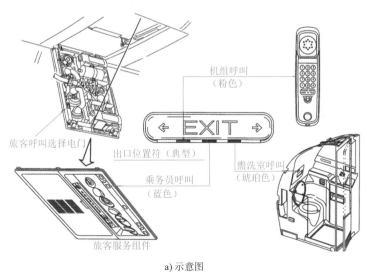

a) 示意图

图 2-88

b) 旅客和盥洗室呼叫灯

c) 盥洗室呼叫按钮

d) 旅客服务组件呼叫按钮

图 2-88　波音 B737-800 旅客和盥洗室呼叫灯

（1）当旅客按下旅客服务组件上的呼叫按钮时，蓝色灯亮，同时旅客服务组件上的呼叫灯亮，并产生高谐音提示音。

（2）当旅客按下盥洗室的呼叫按钮时，琥珀色灯亮，同时盥洗室呼叫灯亮，并产生高谐音提示音。

（3）当机组呼叫时，粉色灯亮，并产生高谐音提示音。

九、入口灯

入口灯（图 2-89）为荧光灯，位于客舱前/后登机入口和勤务入口处的天花板上，用于提供飞机入口区域的照明，由灯泡、灯罩、聚光镜、镇流器等部件组成。门槛灯为白炽灯，在前登机门的防风挡上。

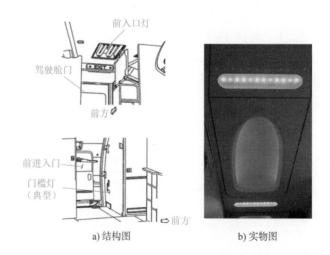
a) 结构图　　　　　　　b) 实物图

图 2-89　波音 B737-800 登机入口灯

入口灯由位于按键式前乘务员控制面板上的三位电门控制（在新一代飞机上由液晶显示屏灯光系统页面的按键控制），电门位置如下：

（1）OFF：当地面电源未接通时，所有灯均断开；当地面电源接通时，入口灯暗亮。

（2）DIM：在暗亮位。

（3）BRT：在明亮位。

十、应急灯

应急灯用于紧急情况下，为飞机内部和外部提供照明，同时指示撤离路线，由出口标志灯、走廊灯、地板接近灯、侧灯等部件组成。应急灯控制电门位于驾驶舱 P5 前顶板和客舱后乘务员控制面板。

（一）出口标志灯

出口标志灯（图 2-90）接通时指示出口的位置，安装在登机门、勤务门、机翼上应急出口、走廊接近天花板处等位置。

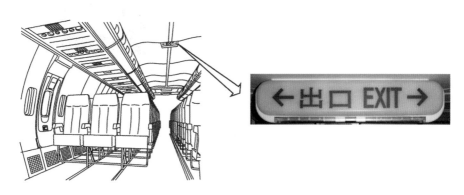

图 2-90　波音 B737-800 出口标志灯

（二）走廊灯

走廊灯（图 2-91）用于照明全部走廊区域，安装在整个走廊中的行李舱凸板上，在紧急情况下可使旅客和机组看清走廊，由灯泡、灯罩透镜、灯组件、电缆头等部件组成。

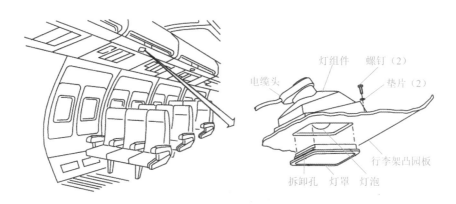

图 2-91　波音 B737-800 走廊灯

（三）地板接近灯

地板接近灯（图 2-92）用于照明地板以向旅客和机组指示通向所有出口的方向，安装在飞机的接近出口处，由灯罩、灯泡、荧光灯、电缆头等部件组成。

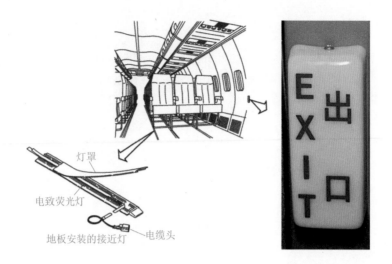

图 2-92　波音 B737-800 地板接近灯

（四）侧灯

侧灯（图 2-93）向环绕飞机的出口区域提供照明，安装在飞机外表面的每个出口门的后面，由灯罩、灯泡、安装螺钉、灯泡反光镜等部件组成。

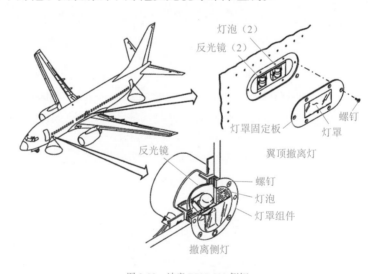

图 2-93　波音 B737-800 侧灯

（五）操作

应急灯由驾驶舱 P5 前顶板上的应急出口灯电门或后乘务员控制面板上的应急出口灯电门控制。P5 前顶板上的电门位置如下：

（1）接通 ON：使应急灯点亮。

（2）断开 OFF：使应急灯熄灭，防止应急灯自动工作。

（3）预位 ARM：当飞机主电源断电时，应急灯自动点亮。

后乘务员控制面板上的应急灯开关有两个位置：接通 ON 和正常 NORMAL。接通位使应急灯点亮，正常位使应急灯设定为自动工作。当 P5 前顶板上的应急灯电门置于 OFF 位时，乘务员控制面板上的电门可置于 ON 位，在紧急情况下超控接通应急灯。

在应急灯操作过程中需要注意：如果断开飞机上的所有电源，P5 前顶板上的应急灯电门必须置于 OFF 位，而乘务员控制面板上的电门必须置于 NORMAL 位，防止应急灯工作导致蓄电池放电。

图 2-94 为波音 B737-800 机型应急灯功能说明。

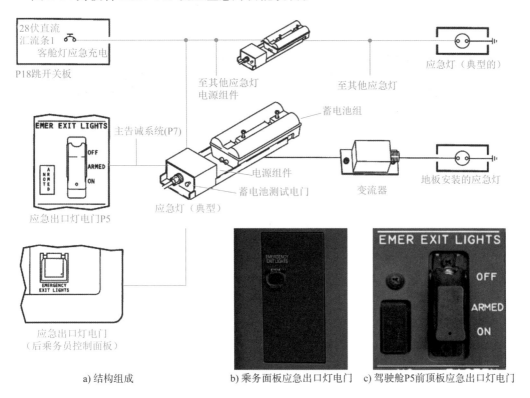

图 2-94　波音 B737-800 应急灯功能说明

📖 民 航 小 知 识 📖

"梦想客机" B787 的天空内饰

波音 B787 客舱内以发光二极管（LED）提供照明，取代传统使用的荧光管，营造出头顶即是天空的感觉，天空特色的舱顶一直贯穿整个客舱，机组还可以在飞行中控制天空特色舱顶的亮度和颜色，如图 2-95 所示。经过特殊订制的客舱情景灯光，按照"登机、安检、起飞、睡眠、唤醒、用餐"等不同时间段打造 8 种不同的情景模式。另外还有 4 种可以自定义的情景灯光，可以为特殊节庆或活动时使用。也就是说，在需要时，乘务员可以为旅客提供白天的感觉，而当旅客需要休息时，舱顶则可模拟夜色。在长途飞行中，也可以通过客舱内灯光的调节，来帮助旅客调整时差。

图 2-95　波音 B787 的客舱灯光

机舱以重复的大弧度拱形结构、动态照明以及飞行中可以由旅客调整透明度的电子遮光帘为特色，并利用可以变幻色彩及明亮度的 LED 数组营造出仿真"天空"的天花板效果。另外，波音 B787 还有一个不同于其他客机的特性，那就是飞机窗户无遮阳板，改为电致变色舷窗，旅客可按照自己的需求调节玻璃明暗度，共有 5 挡可供选择。在起飞或降落前，空姐们不用提醒打开遮光板了，因为可以统一控制全部客舱的舷窗处于透明状态。

📖　思 考 题　📖

1. 波音 B737-800 机型客舱灯光系统主要有哪些灯？它们各有什么特点？
2. 波音 B737-800 客舱应急灯光主要有哪些？它们各有什么特点？

第六节　客舱氧气系统

波音 B737-800 氧气系统为机组、乘务员和旅客提供氧气，当飞机失压时，能够维持机上人员呼吸用氧，还能在应急或急救时使用。其中，客舱氧气系统包括旅客氧气系统和便携式氧气系统。

一、旅客氧气系统

旅客氧气系统为旅客和客舱乘务员提供应急用氧，一般情况下能够提供 15min 的应急供氧，在执飞高原及高高原航线时，必须提供超过 55min 的氧气。通常系统由化学氧气发生器、面罩、引爆销机构等部件组成，安装在旅客服务组件（PSU）、盥洗室服务组件（LSU）、乘务员服务组件（ASU）等组件中。另外，机组人工放下旅客氧气面罩的电门（PASS OXYGEN）（带保护盖）位于驾驶舱 P5 后顶板上，自动放下（14000 英尺座舱压力高度）旅客氧气面罩的压力电门位于电子设备舱 J23 接线盒中。

旅客氧气系统使用化学发生器制造氧气，然后流经供氧软管供给旅客氧气面罩。当旅客氧气面罩松开时，在驾驶舱 P5 后头顶板上的旅客氧气灯点亮，如图 2-96 所示。

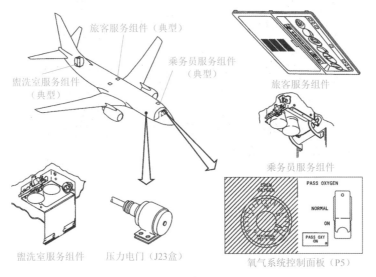

a) 示意图

b) 实物图

图 2-96 波音 B737-800 旅客氧气系统

（一）化学氧气发生器

化学氧气发生器（图 2-97）为旅客和乘务员提供应急氧气，位于 PSU、LSU、ASU 等组件内。它是金属壳体的瓶装置，一端是由弹簧加载的引爆机构，另一端是输出总管和释压活门。

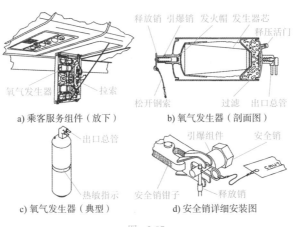

图 2-97

e) 实物图

图 2-97 波音 B737-800 化学氧气发生器

化学氧气发生器靠氯酸钠和铁发生化学反应生成氧气，在起动化学反应后，直到所有的化学反应全部完成才能停止。化学反应产生的热量会使发生器表面温度达到450℉/232℃，发生器上的热敏指示能够显示发生器状态，即正常时为橘黄色，使用后因产生热量变为黑色，变色后需要更换发生器。氧气经过过滤介质流入到输出总管，再由软管连接到旅客氧气面罩。另外，释压活门可以防止发生器超压。

化学氧气发生器由机械操纵，当旅客拉出氧气面罩时，面罩拉索拉动释放销，进而拉动弹簧加载的引爆销，引爆销撞击发火帽，提供启动发生器所需的能量。

（二）旅客氧气面罩

旅客氧气面罩（图 2-98）在飞机失压时，为旅客和乘务员提供呼吸用氧，位于 PSU、LSU、ASU 等组件内（每处均多配置一个面罩），由带有呼吸活门的黄色硅胶面罩、弹性头戴式带子、发生器释放索、供气软管和储气袋等部件组成。氧气面罩使用介绍在储气袋上。

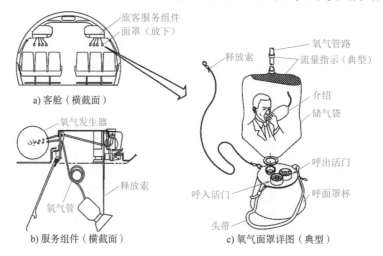

图 2-98 波音 B737-800 旅客氧气面罩

当将黄色面罩罩在面部时，柔性的面罩硅胶形状与面部吻合，密封性能良好，此时拉动释放索，发生器开始产生氧气流。氧气从总管流经面罩管，一直流入到储气袋。当使用者不呼吸时，储气袋储存从发生器恒定流出的氧气；当呼吸时，氧气流过储存袋和面罩的吸入活门。

二、便携式氧气系统

便携式氧气系统独立于其他飞机系统，主要用于医疗急救、飞机失压时供氧和机舱充满烟雾时。其由手提氧气瓶和防护式呼吸装置（PBE）组成，存放在风挡的外墙、盥洗室、厨房、头顶行李舱/储藏组件等有标志的区域。

（一）手提氧气瓶

手提氧气瓶（图 2-99）是钢制压力容器，用于医疗急救、失压应急和支持供氧，安装在飞机上容易接近的地方，主要由铭牌、高压氧气瓶、ON/OFF 关断活门、压力表、压力调节器、恒定流量面罩出口、充氧活门、安全释放装置、氧气面罩和软管、手提带等部件组成。

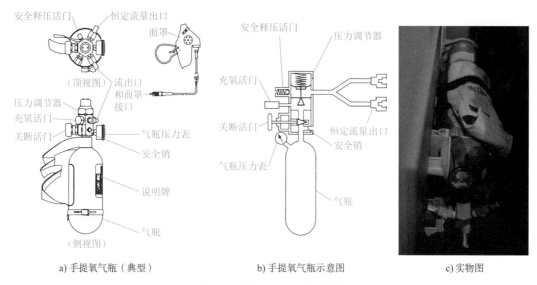

a) 手提氧气瓶（典型）　　　　b) 手提氧气瓶示意图　　　　c) 实物图

图 2-99　波音 B737-800 手提氧气瓶

氧气瓶内充装干燥的航空呼吸用氧，由压力表指示气瓶压力（氧气的用量），在 70°F（21℃）时正常瓶压是 1800psi。气瓶头部的关断活门控制高压氧气流到瓶头组件，再由瓶头组件调节氧气压力流入面罩的流量，此时面罩软管必须接通输出口。同时，氧气瓶还配备如下失效安全装置。

（1）热/易破超压释放塞：在形成危险压力前使气瓶通气。

（2）释压活门：安装在调节器的低压口，防止调节器的下游超压。

另外，气瓶关断活门要求人工操纵。在存储期间，关断活门转动到关闭位 OFF。在使用或充氧时，逆时针转动到打开位 ON。

（二）防护式呼吸装置（PBE）

防护式呼吸装置（图 2-100）存储在灭火瓶附近的储藏箱中，用于在客舱失火或充满烟雾时，为机组成员提供防烟罩和氧气系统，防止烟雾或有毒气体的伤害，也可以在火焰中保护使用者。PBE 密封在储存盒内，由有识别和说明标牌的真空密封储存盒、有面罩和呼吸氧气系统的防烟罩、供气系统等部件组成。

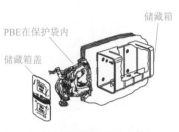

a) 保护呼吸设备储藏箱（典型）

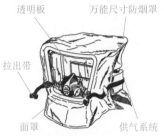

b) 保护呼吸设备（典型）

c) 实物图

图 2-100　波音 B737-800 防护式呼吸装置（PBE）

　　每个 PBE 都单独存放。PBE 由防火材料制成，易于穿戴，并配有透明板，可以扩大使用者的视野。PBE 中的面罩为使用者供气，在面罩内的通话膜片允许使用者进行口头通话，并可使用飞机通信系统。拔出 PBE 的带子将面罩固定在口鼻处，即可启动供气系统。供气系统使用化学氧气发生器、化学空气发生器或压缩氧气作为支持空气源。另外，PBE 的使用说明在储存盒内，包括检验检查、PBE 使用方法、勤务或更换程序等。

📖　思　考　题　📖

1. 波音 B737-800 客舱氧气系统主要由哪些部分组成？它们各有什么特点？
2. 简述应急氧气瓶的必要性。

第七节　其他客舱重要设备

　　波音 B737-800 除了前文所述的飞机系统及其相关设备外，还包括旅客座椅、旅客服务组件、乘务员/盥洗室服务组件、风挡、行李舱、客舱工作台、应急设备等客舱重要设备，为旅客和乘务员提供舒适、方便和安全的环境。其他机型的设备情况与 B737-800 机型类似，不再赘述。

一、旅客座椅

　　旅客座椅连接在地板上的座椅滑轨上，由两个或三个旅客座椅组装在一起（图 2-101），根据不同的客舱布局可以前后移动座椅（同时必须移动 PSU），椅背或扶手安装有可折叠的小桌板，座椅下方或扶手内的空间可储存救生衣。按压扶手上的按钮并在椅背上施力，大多数座椅（除了应急出口处的座椅）的椅背均可向后倾斜。另外，对于应急出口门附近的座椅，扶手连接在应急出口门上（而不是座椅上），确保在紧急情况下应急出口门能迅速打开，同时旅客座椅垫可作为漂浮设备使用。

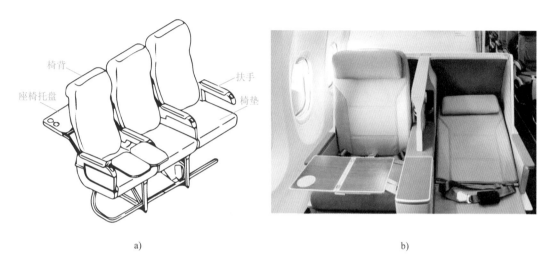

a)　　　　　　　　　　　　　　　　　　b)

图 2-101　波音 B737-800 客舱旅客座椅

二、旅客服务组件（PSU）

　　旅客服务组件（PSU）为旅客提供紧急氧气、警告信息、呼叫等功能，位于每排座椅上方，由 FASTEN SEAT BELT（系紧安全带）和 NO SMOKING（请勿吸烟）信号、独立空调出口（通风口）、旅客广播扬声器、乘务员呼叫电门和指示灯、氧气面罩、氧气发生器、阅读灯等部件组成，如图 2-102 所示。

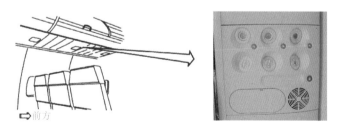

图 2-102　波音 B737-800 旅客服务组件

三、乘务员/盥洗室服务组件

　　乘务员服务组件（ASU）和盥洗室服务组件（LSU）为乘务员或旅客提供应急氧气，在每个工作台上有一个 ASU，在每个盥洗室内有一个 LSU，其由氧气面罩（2 个）、氧气发生器、门锁作动器、检测停止按钮等部件组成，如图 2-103 所示。

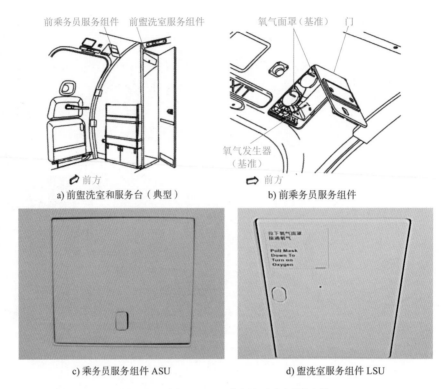

图 2-103　波音 B737-800 乘务员/盥洗室服务组件

四、风挡

风挡（图 2-104）位于前登机/勤务门的后面或后登机/勤务门的前面，当登机门或勤务门打开时，提供防风保护。风挡是具有装饰性防污涂层的复合材料板，地板安装架将风挡底部固定在座椅滑轨上，外缘与机体形状相匹配，内缘是垂直的。另外，有些风挡设有储物箱和/或衣橱。

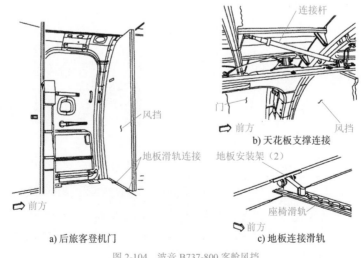

图 2-104　波音 B737-800 客舱风挡

五、行李舱

行李舱（图 2-105）贯穿于座椅上方的客舱顶部，使用松紧螺套固定在飞机结构上。按压开锁手柄，可打开每个行李舱的门（向上开启），同时每个铰链组件上的机械作动器协助门操作，将门保持在打开位。另外，不同位置行李舱的长度、宽度和承重不同。

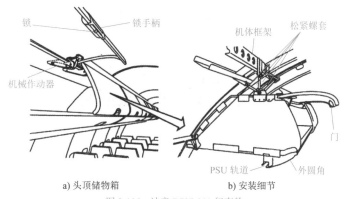

a) 头顶储物箱　　　　　b) 安装细节

图 2-105　波音 B737-800 行李舱

六、客舱工作台

客舱工作台（图 2-106）为客舱乘务员提供工作台和座椅，位于前/后登机门附近。每个工作台配置两个乘务员的设备，包括双座椅、存储设备、乘务员手提内话机、乘务员控制面板、入口灯、乘务员服务组件等。其中，乘务员手提内话机在两个头垫之间，乘务员控制面板在头垫上方，入口灯在每个登机门上方。

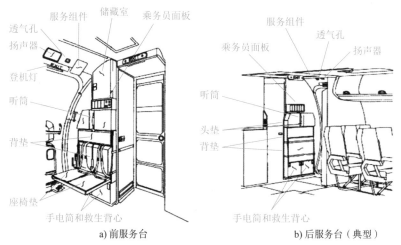

a) 前服务台　　　　　　b) 后服务台（典型）

图 2-106　波音 B737-800 客舱工作台

乘务员座椅（图 2-107）位于前登机门入口处（2 个）和后厨房处（4 个）。当不使用时，每个座椅被弹簧力收入存储位，椅垫用粘扣固定在座椅组件上（必要时被卸下来用作漂浮设备）。同时，每个座椅均设有肩部安全带和座椅安全带，乘务员椅垫、背垫和头垫均使用防火材料，可提供火焰隔绝保护。座椅底部的隔舱用于存储救生衣和手电筒。另外，在前

乘务员控制面板上方配置音频控制面板，并提供用于杂项设备和应急设备的附加存储空间。

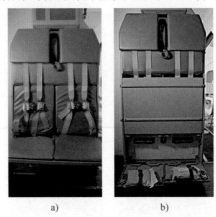

图 2-107 波音 B737-800 乘务员座椅（打开位和收上位及应急设备）

七、应急设备

波音 B787-800 典型的应急设备包括翼上撤离绳、驾驶舱应急逃生绳、应急定位发射机（ELT）、可拆下应急设备（卫生防疫包、应急医疗箱、灭火器、喇叭）等，可通过查看手册确定应急设备类型、数量和位置。另外，飞机上的标牌也可以识别应急设备类型和位置。

（一）翼上撤离绳

翼上撤离绳（图 2-108）用于协助旅客安全地在机翼上行动并到达地面，位于每个应急出口门上方的存储管或行李舱内，由索带、挂钩、锚接头、存储管等部件组成，打开应急出口门可接近。撤离绳的一端连接在应急出口门的门框上，紧急情况下，将撤离绳的挂钩连接到机翼接头上。

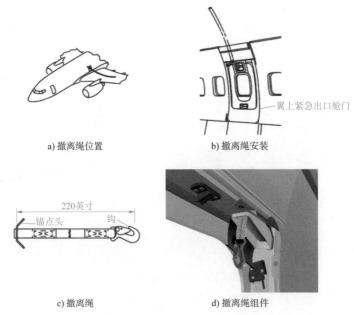

图 2-108 波音 B737-800 翼上撤离绳

（二）应急定位发射机 ELT

应急定位发射机（图 2-109）是小型、可飘浮的自动组件，由发射机、电池、天线、绳索等部件组成，用于在飞机遇险后向卫星、其他飞机或交通管制设施发出求救信号，帮助营救人员查找降落在机场以外的飞机及机上人员的位置。发射机安装在救生筏、行李舱、中央顶舱等位置（机上标牌可识别应急设备位置），可使用手册查找发射机的类型、数量和位置。发射机具有水（海水 5s 后工作/淡水 5min 后工作）和人工双重触发功能，可在零下 20℃下工作。

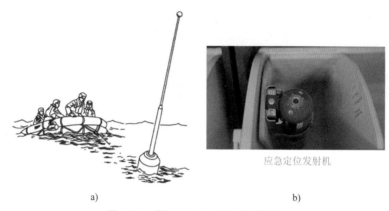

应急定位发射机

a)　　　　　　　　　　　　　　　　　　　　　b)

图 2-109　波音 B737-800 应急定位发射机

发射机可以在民用/军用国际 VHF 航空遇难频率（121.5MHz 和 243.0MHz）自动发射扫描-音调-调制信号，为民用和军用搜索飞机提供导引。另外，发射机电池是"氯化银/镁"原电池：在未激活状态下，电解质干燥，电池呈现惰性；当电解质被水浸湿时，电池激活，即浸入水中（水上迫降）可自动激活电池。

（三）客舱可拆下应急设备

客舱可拆下应急设备（图 2-110）主要包括：应急医疗箱、卫生防疫包、扩音器（2 个）、救生衣、手电筒、灭火瓶（水灭火瓶/海伦灭火瓶），所有设备安装数量取决于航空公司要求。

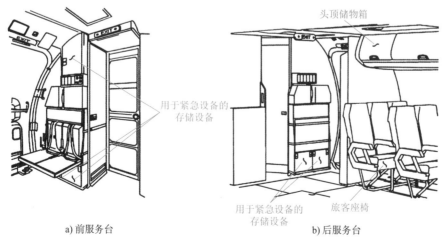

头顶储物箱

用于紧急设备的
存储设备

用于紧急设备的
存储设备

旅客座椅

a) 前服务台　　　　　　　　　　　　　　b) 后服务台

图　2-110

c)　　　　　　　　　d)　　　　　　　e)　　　　　　　　　g)

图 2-110　波音 B737-800 客舱可拆下应急设备

📖 民 航 故 事 📖

中外医生联合急救发病男孩

2017 年 12 月 14 日 9 点左右，南航 CZ326 航班从悉尼机场起飞前往广州。2h20min 后，上舱三区乘务员给前舱打来电话表示，有一对澳大利亚籍夫妻旅客在客舱求救说，他们的孩子服用自己携带的坚果后可能出现过敏反应，呼吸困难。主任乘务长勾蕾得到信息后立即启动机上应急救护程序，第一时间通过广播寻找医生。这时，一位中国籍医生和一位美籍亚裔医生旅客迅速联系乘务员。经过医生对孩子父母的询问和认真诊断，医生觉得这名儿童是哮喘症加上坚果过敏反应引起全身过敏及呼吸道过敏，乘务组拿来飞机上的应急医疗箱，并询问客舱的其他旅客有无帮助缓解的药物为患者进行救治，然后做好所有记录和填写所有需要的单据。患者儿童最后转危为安。

📖 思 考 题 📖

1. 波音 B737-800 客舱设备主要有哪些？它们各有什么特点？
2. 波音 B737-800 前/后乘务员控制面板都有哪些开关？它们分别有什么作用？

AIRCRAFT
CABIN SYSTEM
第三章 空客 A320 客舱系统

　　空客 A320 系列飞机是空客公司研制生产的单通道双发中短程 150 座级亚音速客机，是第一款使用数字电传操纵飞行控制系统的商用飞机，也是第一款放宽静稳定度设计的民航客机，其在设计上提高了客舱适应性和舒适性。自 1988 年 4 月投入运营以来，空客 A320 系列迅速在中短程航线上设立了舒适性和经济性的行业标杆，也奠定了空客公司在民航客机市场中的地位。

　　A320 系列飞机包括 A318/319/320/321 在内的单通道飞机系列，旨在满足航空公司低成本运营中短程航线的需求。A320 拥有较宽的客舱，可采用更宽的座椅和更宽敞的客舱空间，给旅客提供了更大的舒适性，同时它比竞争者（波音 737 系列和麦道 MD-80 系列）飞得更远、更快，为运营商提供了 100～220 座级飞机的通用性和经济性。

第一节 空客 A320 机型介绍

根据"以新制胜"的方针，空客 A320 系列客机采用了先进的设计技术和生产技术，应用新的结构材料和先进的数字式机载电子设备，机翼在 A310 机翼的基础上进行了改进，"双水泡形"机身截面大大提高了货舱中装运行李和集装箱的能力，客舱舒适而宽敞，是当前最受欢迎的 150 座级的中短程客机（图 3-1）。

图 3-1 空客 A320

一、机型基本参数

空客 A320 机型基本参数如表 3-1 所示。

空客 A320 机型基本参数 表 3-1

项目	参数
机长（m）	37.57
机高（m）	11.76
翼展（m）	34.1
客舱宽度（m）	3.7
座位数（两舱布局）/（单舱布局）（人）	150/180
空重（kg）	42400（93476 磅）
最大起飞质量（kg）	78000（172000 磅）
最大着陆质量（kg）	66000（145505 磅）
最大滑行质量（kg）	75900（167331 磅）
最大载油量（L）	29680（7190 加仑）
巡航速度（马赫）	0.78（848km/h）
最大速度（马赫）	0.82（880km/h）
最大航程（n mile）	3350
最大巡航高度（m）	12000
动力装置	两台 V2500 或 CFM56 涡扇发动机
最大推力（kN）	122.5（27000 磅）

二、机型主要特点

（1）航电系统：空客 A320 采用电传操纵（Fly-by-wire）飞行控制系统，飞行员的操纵动作被转换成电子信号，经过计算机处理后再驱动液压和电气装置来控制飞机姿态，从而代替了过去的主要由线缆等机械装置来传输飞行员指令。

主仪表盘上 6 个可互换的液晶显示屏取代了过去飞机上众多的仪表刻度盘，便于接受信息并降低 2 名飞行员的工作负载。同时采用侧置的操纵杆代替传统驾驶盘。此外，A320 飞行自动控制系统全部安装在飞机的驾驶舱内，数控性能极好的数字计算机在 35000 条不同的线路上每秒输送数以万计的信号。

飞机飞行过程完全由 7 台计算机控制操纵。主机系统由两部分组成：一部分用于正常工作，另一部分通过各方面提供的数据监控操作。另外有 2 台计算机负责执行飞行计划，还有 4 台计算机分别监控发动机和机上其他系统的运行状态。

（2）运载能力：空客 A320 拥有单通道飞机市场中最宽敞的机身，为客舱灵活性设定了新的标准。通过加宽座椅，提供了最大程度的舒适性；而较宽的通道有利于需要快速周转的低成本市场。同时，优越的客舱尺寸和形状可以安装宽大的行李舱，在更加便利的同时也加快了上下旅客的速度。

此外，较宽的机身还提供了无与伦比的货运能力。"双水泡形"机身截面大大提高了货舱中装运行李和集装箱的能力，使 A320 成为该级别飞机中唯一能够提供集装箱货运装载系统的飞机。该系统与全球标准宽体飞机装载系统兼容，从而减少了地服设备，降低了装卸成本。

（3）共通性设计：空客 A320 系列包括 150 座的 A320、186 座的 A321、124 座的 A319 和 107 座的 A318 四种基本型号，这四种型号的飞机拥有相同的基本座舱配置、驾驶舱、飞行操作程序、客舱截面和相关系统。飞行员只要接受其中一种机型的飞行训练，就可驾驶以上四种不同型号的飞机。同时这种共通性设计也降低了维修成本及备用航材库存，大大增强了航空公司的灵活性。

此外，A320 系列飞机的飞行员都具有空中客车电传操作飞行资格。飞行员只需要通过简捷的差异化培训，而不必经过一整套全新的型号等级培训，就可方便地过渡到驾驶较大的 A330、A340 和 A380 飞机。共通性的优势同样适用于 A320 系列飞机的客舱乘务员。

（4）增强型飞机系统：由于空客 A320 设计的共通性，空客公司推出了一系列提高整体可靠性、降低维护和零备件成本的增强型飞机系统，这些系统现已成为所有新订购的 A320 系列飞机的标准配置。比如：新一代客舱双向通信数据系统，系统提供一块供乘务员使用的图形触摸屏，方便编制计划并减少培训时间；采用新型驾驶舱液晶显示屏，其比阴极射线管显示屏的重量更轻，也更清晰，但仍以同样的方式显示数据，为飞行员保留了驾驶舱共通性。

（5）管理系统：空客 A320 使用了动态运力管理系统（Dynamic Capacity Management），使航空公司在利用机队匹配航线需求方面具有极大灵活性。

飞机客舱系统

三、客舱布局

空客 A320 客舱内部宽度为 3.7m，是最宽的单通道客舱，显著提高了客舱的舒适性。同时，优越的客舱形状设计使得行李舱容量增大，更加方便旅客放置行李舱，也可以加快上下旅客的速度。以我国南方航空公司机队机型为例，布局如图 3-2、图 3-3 所示，参数汇总见表 3-2。

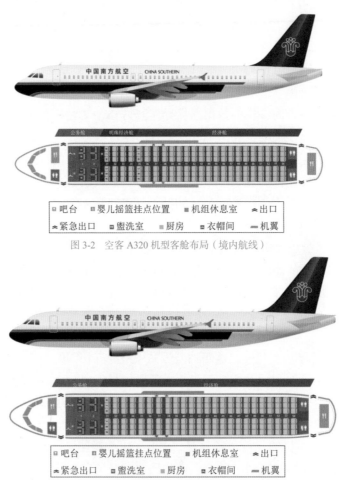

图 3-2 空客 A320 机型客舱布局（境内航线）

图 3-3 空客 A320 机型客舱布局（国际航线）

空客 A320 机型客舱布局   表 3-2

客舱布局	境内航线			国际航线	
座位总数	152			152	
座位类型	公务舱	明珠经济舱	经济舱	公务舱	经济舱
座位数	8	24	120	8	144
座位间距（英寸）	42	35	30	42	30～35
扶手间座椅宽度（英寸）	21.55	17.7	17.7	21.55	17.7
座椅倾斜度（向后距离）（英寸）	8	6	6	8	6

注：1 英寸 = 2.54cm。

📖 民 航 故 事 📖

新中国制造的第一架飞机:"空中课桌——初教 5"诞生记

1954 年 7 月 3 日下午 5 时 15 分,江西南昌,试飞员段祥禄和刁家平登上飞机。飞机慢滑、中滑、快滑,腾空而起,直冲云霄……这架飞机是新中国生产的第一架飞机,起初被叫作"红专-501",后来又被命名为"初教 5"。从蹒跚起步到一飞冲天,中国航空的新时代就此开启。

在 1953 年底,第二机械工业部部长赵尔陆到洪都机械厂(今航空工业汇亚洪都航空工业集团有限公司)视察,工厂领导在汇报工作时提出:工厂经过五种飞机的修理和修理用零部件的制造,已经拥有一定的生产能力,大体上具备了整机制造的基础。1954 年 4 月 1 日,国家航空工业局批准工厂提前生产初教 5(雅克-18)飞机的计划。

随即,洪都机械厂编制了试制总进度计划,向全厂职工进行了动员,提出了"为制造祖国第一架品质优良的飞机而奋斗"的口号,从而在全厂开展了整机试制工作。职工们从修理中熟悉飞机构造,努力提高技术,逐步掌握了飞机生产的技术和管理方法。经过全厂职工的艰苦奋斗、顽强拼搏,1954 年 5 月 12 日,首架飞机全机静力试验取得圆满成功。经过总装、调试,第 02 架飞机在同年 6 月 30 日送交试飞。从零件投入试制算起,共历时 57 天。

国产飞机制造成功的捷报传到北京,毛主席当即亲笔签署了祝贺信,勉励全体航空人:"祝贺你们试制第一架雅克 18 型飞机成功的胜利。这在建立我国的飞机制造业和增强国防力量上都是一个良好的开端……"

1954 年 7 月 28 日,新华社播发了题为"我国自制飞机成功"的新闻,这一消息使全国人民振奋,并轰动了全世界。这是因为此型号飞机成功首飞的意义早已超出了自身。它承载了老一辈航空人身先士卒、敢闯敢担当的精神,更激励着新一代航空人投身国防,献身航空。

如图 3-4 所示为新中国制造的第一架飞机——初教 5。

图 3-4 新中国制造的第一架飞机——初教 5

📖 思 考 题 📖

1. 空客 A320 的机型特点有哪些?

2. 空客 A320 的客舱布局是怎样的?

3. 空客飞机的设计思路对我国大飞机的发展有哪些启发?

第二节　门/窗系统

门系统是进出飞机机舱的可开关组件的统称。空客 A320 门系统主要包括：旅客/机组登机门、翼上应急出口门、货舱门、电子设备舱门、外电源插座门、前/后饮用水勤务舱门等各种勤务接近门。同时，在驾驶舱飞机电子集中监控（ECAM）系统上还能显示各舱门的状态。

各门的安装位置如图 3-5 所示，分别为：

（1）旅客/机组登机门共 4 个，位于客舱前/后两端，每侧两个。

（2）翼上应急出口门共 2 个（可选装 4 个，且目前大多数 A320 为 4 个），客舱每侧 1 个（选装 4 个时每侧为 2 个），安装于客舱中间段位置。

（3）货舱门共 2 个（新式 A320 还安装有散货舱门），均安装在机身下部的右侧。

（4）接近和勤务舱门安装在机身需要进行结构检查和系统维护的接近位置，固定的内部舱门安装在飞机内部。

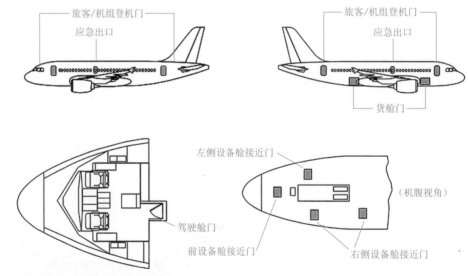

图 3-5　空客 A320 门系统

空客 A320 窗系统主要包括：驾驶舱窗户（风挡玻璃，固定的和滑动的）、客舱窗户、旅客/机组登机门窗户和应急出口门窗户等，如图 3-6 所示。

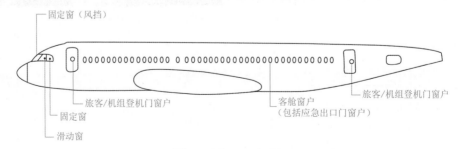

图 3-6　空客 A320 窗系统

一、旅客/机组登机门

空客 A320 共有 4 个通用的旅客/机组登机门（以下简称"登机门"），分别对称安装于客舱前段和后段位置，其位置如图 3-7 所示。所有登机门都包含撤离滑梯/救生筏（装载在舱门下部）。

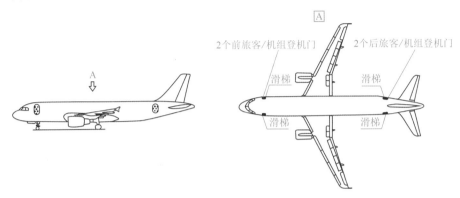

图 3-7　空客 A320 登机门位置图

（一）登机门结构

以前登机门为例，其位于机身前段，核心结构是锁定和补偿机构、应急撤离机构。每个登机门均有一个用内部或外部控制手柄控制的锁定机构，撤离滑梯/救生筏通过内侧的预位/解除预位手柄控制。滑梯预位后，若舱门从外部打开，撤离滑梯/救生筏释放机构自动解除，滑梯不会充气展开。登机门结构如图 3-8、图 3-9 所示。

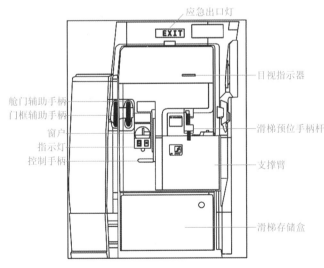

图 3-8　空客 A320 登机门示意图

图 3-9　空客 A320 登机门实物图

（二）撤离滑梯

撤离滑梯（图 3-10）是双通道滑梯，安装在登机门底部。当登机门未完全关闭和锁上时，撤离滑梯控制机构将控制手柄设置在"DISARMED"位置。

（1）滑梯预位操作：按住安全销顶部释放按钮将其拔出，插入安全销储藏孔内，收起

红色警示带；将预位手柄按至红色位置指示牌"ARMED"位。

（2）滑梯解除预位操作：上抬预位手柄至绿色位置指示牌"DISARMED"位，取出安全销并按住顶部释放按钮将其插入安全销插孔内。

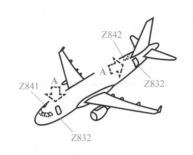

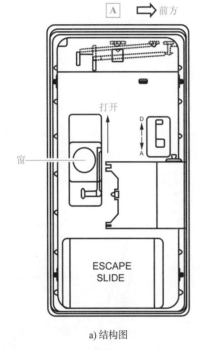

a) 结构图

b) 实物图

图 3-10　空客 A320 撤离滑梯

（三）舱门指示和警告

（1）门锁指示器：位于登机门上部的接近电门，能够显示登机门状态。锁定为 LOCKED（底色为绿色），未锁定为 UNLOCKED（底色为红色）。

（2）电子指示灯：位于登机门观察窗下面，包括两部分。

①客舱压力警告灯（红色）：发动机关闭后，当客舱压差大于 2.5mbar 时，警告灯闪亮。（若登机门无法操作，须立即报告机长）

②滑梯预位指示灯（白色）：指示灯亮表示滑梯处于预位状态，此时打开舱门将导致滑梯充气放出。

（3）目视指示器（机械指示）：登机门底部的锁定机构传动轴能够定位目视指示器，用圆点和箭头表示。点箭合一表示预位（ARMED），点箭分离表示解除预位（DISARMED）。

空客 A320 舱门指示和警告如图 3-11 所示。

a) 门锁指示器

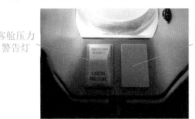
b) 电子指示灯

c) 目视指示器

图 3-11 空客 A320 舱门指示和警告

（四）舱门操作方法

1. 内部开启舱门

（1）确认客舱压力警告灯未亮。

（2）确认滑梯已解除预位。

（3）确认舱门外无障碍物。

（4）将舱门控制手柄向上抬起，确认滑梯预位指示灯未亮后继续抬至 180°。

（5）握住辅助手柄向外推动舱门，直至被阵风锁锁定。

2. 内部关闭舱门

（1）确认舱门内外无障碍物。

（2）按下阵风锁，握住辅助手柄向内拉动舱门至舱内（图 3-12）。

（3）将舱门控制手柄向下压 180°至关闭。

（4）确认舱门指示器显示"LOCKED"锁定字样。

（5）检查舱门密封状态，确认舱门前无夹杂物。

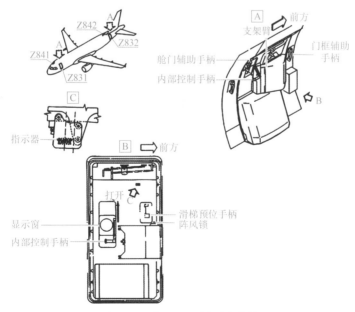
图 3-12 空客 A320 登机门内部控制

3. 外部开启舱门

（1）确认舱门外无障碍物。

（2）从观察窗确认客舱压力警告灯未亮。

（3）按进外部手柄解锁板，向上抬起手柄至绿色标线（图 3-13）。

（4）将舱门向外拉开，直至被阵风锁锁定。

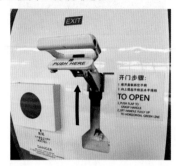

图 3-13　空客 A320 登机门外部控制手柄

4. 外部关闭舱门

（1）确认舱门内外无障碍物。

（2）按住阵风锁直至舱门拉动后放开。

（3）将舱门推回至舱内。

（4）将外部手柄下压至与舱门平齐（图 3-13）。

（5）检查舱门密封情况，确认舱门无夹杂物。

5. 操作注意事项

（1）观察窗下面的两个警示灯，正常情况下开启舱门时都不亮，若滑梯预位指示灯亮，需再次确认滑梯预位状态；若客舱压力警告灯亮，需关闭舱门并立即报告机长。

（2）滑梯预位手柄在"ARMED"位置时，从外侧开启舱门后，滑梯将自动回到"DISARMED"位置。

（3）滑梯预位和解除滑梯预位必须按照乘务长指令操作。

（4）内部开启和关闭舱门时，乘务员应握住辅助手柄再操作舱门控制手柄。

（5）舱门打开后无任何衔接物时须挂上阻拦绳，关门前须收回。

图 3-14　空客 A320 应急出口门

二、应急出口门

（一）应急出口门功能

空客 A320 应急出口门是在紧急情况下，飞行机组和旅客能够使用的撤离通道。在驾驶舱中有两个滑动窗作为应急逃离出口。

在客舱有 2 个（可选装 4 个）翼上舱门作为应急出口门，可以从客舱的内侧和外侧打开，如图 3-14 所示。在紧急情况下，靠近应急出口门的旅客可以用手将其打开，该门在被打开的同时，翼身整流罩内的翼上撤离滑梯开始充气展开。

（二）应急出口门操作

空客 A320 应急出口门结构如图 3-15 所示。

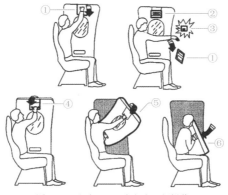

图 3-15 空客 A320 应急出口门操作

1. 操作方法

（1）打开手柄护盖。

（2）开启手柄。

（3）滑梯预位灯亮。

（4）拉动开启手柄。

（5）取下应急出口门。

（6）把应急出口门扔出机外或放在座椅扶手上。

2. 操作注意事项

（1）取下的翼上应急出口门要放在不妨碍撤离的位置。

（2）应急出口门始终处于待命状态，仅限紧急情况下使用。

三、舱门警告系统

空客 A320 的舱门警告系统可通知机组：门的开关状态、应急撤离滑梯预位状态和客舱超压状态。

所有涉及旅客/机组登机门、应急出口门、航空电子设备和货舱门、撤离滑梯预位和释放、客舱超压的数据，经过接近电门送到 ECAM 系统，如图 3-16 所示。

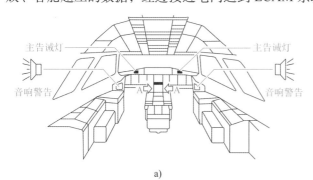

a)

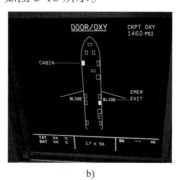

b)

图 3-16 空客 A320 舱门系统在 ECAM 的显示

四、窗系统

空客 A320 的窗系统主要有：驾驶舱窗户、客舱窗户、旅客/机组门窗户和应急出口窗户等。

（一）驾驶舱窗户

在驾驶舱中，飞行能见度由 6 个窗户提供，如图 3-17 所示。

（1）2 个前窗风挡玻璃，可为机组提供安全防护，也可防止鸟撞击。

（2）2 个左右滑动窗，同时也是机组成员的应急出口。

（3）2 个固定窗位于滑动窗后面。

（二）客舱窗户

客舱窗户在框架间沿着机身侧面安装，窗的外表面与机身的外表面成一个平面。通气孔必须安装在客舱玻璃底部，如图 3-18 所示。

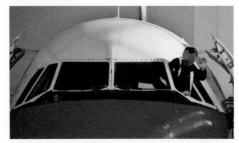

图 3-17　空客 A320 驾驶舱窗户

图 3-18　空客 A320 客舱窗户

（三）旅客/机组登机门窗户

通过旅客/机组登机门窗户可使旅客及机组人员观察飞机外的情况，并能从飞机外部通过指示灯查看客舱是否已增压，以及滑梯是否在预位位置。

空客 A320 旅客/机组门窗户如图 3-19 所示。

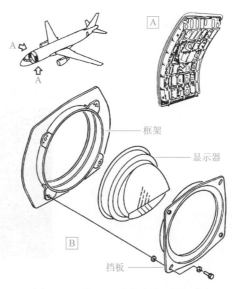

图 3-19　空客 A320 旅客/机组登机门窗户

📖 民 航 故 事 📖

英雄机长

2018 年 5 月 14 日川航 3U8633 航班从重庆起飞飞往拉萨,当飞机飞行路程过半,进入四姑娘山脉的时候,突然飞机驾驶室的风挡玻璃无撞击破碎,飞机当时就面临整体失压的灾难性危险,同时因为风挡玻璃的突然爆碎,副飞行员也险遭不测。此刻,机长刘传健必须在缺氧、失压、零下 40℃低温、时速 800km 风速等的恶劣条件下,紧急返航,并寻找机会迫降。

生死关头,刘传健果断应对,带领机组成员临危不乱、正确处置,以过硬的技术和沉着的心理素质,从飞机发生故障到成功降落的 34min 内,36 个操控动作精确无误,成功地将飞机降落在成都双流机场,确保了机上 119 名旅客的生命安全。

"仪表失灵,你越发清醒;旅客的心悬得越高,你肩上的责任越重。在万米高空的险情中如此从容,别问这是怎么做到的,每一个传奇背后都隐藏着坚守和执着。"在"感动中国 2018 年度人物"颁奖典礼上,组委会对这位民航机长这样评价道。

图 3-20 为刘传健机长在中国民航大学与学生交流。

图 3-20 刘传健机长在中国民航大学与学生交流

📖 思 考 题 📖

1. 空客 A320 有哪些舱门?它们各有什么特点?
2. 空客 A320 的登机门的开关操作是什么?
3. 空客 A320 的应急出口门的开关操作是什么?
4. 空客 A320 的窗户有哪些?它们各有什么特点?

第三节 厨房、盥洗室系统

一、厨房系统

空客 A320 的厨房系统安装在客舱前端和后端,分为前厨房和后厨房,连接饮用水/污

水系统、盥洗室/厨房通风系统、厨房供电系统等，如图 3-21、图 3-22 所示。

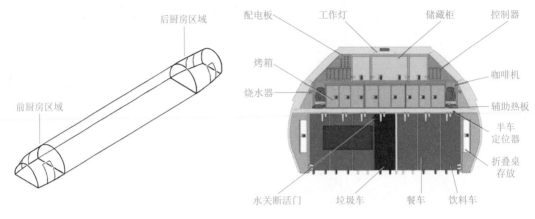

图 3-21　空客 A320 厨房位置　　　　图 3-22　空客 A320 厨房一般结构

（一）厨房类型

1.湿厨房

湿厨房是为了保存、准备食物和热/冷饮，其装有电气设备、饮用水供给和废水设备。厨房能够保存全/半尺寸的餐车或容器，也有储藏室用于储存机供品、设备等。

2.干厨房

干厨房用于在储藏柜内保存食物和饮品，但没有系统供给或设备，同时也配有餐车或容器。

（二）厨房设备

厨房中用于保存食物、饮品和其他多余材料的设备，包括餐车、垃圾车、食物和饮品容器；用于准备食物和饮品的设备，包括（部分选装）烤箱（包括其控制组件）、咖啡机、饮品机、烤面包机、烧水杯、烧水器、电冰箱、保温板、暖热装置、废物压实工具等。

1.烤箱

烤箱（图 3-23）设有选择温度和时间控制按键，只可用于加热食物，使用前确认烤箱里无任何纸制品以及干冰，严禁空烤。目前，触摸式电子烤箱逐渐替代传统旋钮式烤箱，其电子屏分为准备程序（Std Program）和预设菜单（Preset Menus）两种功能，更体现了人性化的设计理念。在准备程序功能页面，又分为预设时间（Preset Time）、低温蒸汽模式（Low Steam）、中温蒸汽模式（Medium Steam）、干加热（Dry Heat）、保温（Keep Warm）五种模式，并且每种模式都可以预置运行时间；在预设菜单功能页面，又分为面食（PASTA）、米饭/面条（RICE/NOODLE）、牛排/牛肉泥（BEEF/VEAL）、鸡肉（CHICKEN）、鱼肉（FISH）、素食（VEGETARIAN）、鸡蛋（EGG DISHES）、点心（SNACKS）、面包（BREADS）、冷冻食品（FROZEN MEALS）等十种模式，并且每种模式已经预设好时间，不再需要人工设置。

烤箱按键有:烤箱开/关（ON/OFF）、清除/停止（CLEAR/STOP）、预设时间菜单（TIME MENU）、开启/暂停（START/PAUSE）、选择（SELECT）。准备好指示灯（Ready）、失效指示灯（Fail）。

a) 烤箱　　　　　　　　　　　　　b) 烤箱菜单页面

图 3-23　空客 A320 烤箱

2. 咖啡机

咖啡机（图 3-24）位于保温板上，用于准备咖啡并保温，设有电源开关（POWER）、煮咖啡（BREW）、煮茶（TEA）、热水（HOT）、冷水（COLD）等按键。咖啡机与饮用水系统连通，安装有热水和冷水水龙头。注意：咖啡机加热盘上严禁放置除咖啡壶以外的其他物品。若加热盘上空着，禁止打开加热盘开关。煮咖啡后，应将咖啡包取出，扔入废物箱，禁止扔入水槽。

3. 烧水杯

烧水杯（图 3-25）可以将冷水或烧水器中的热水加热到 100℃，其他注意事项同第二章烧水杯介绍。

4. 烧水器

烧水器（图 3-26）用于加热饮用水系统的冷水，沸水水温 80℃左右，按键从左往右分别为电源开关（POWER ON）、加温开关（CYCLE）、低水量指示（LOW WATER）、指示灯测试（LAMP TEST），其他注意事项同第二章烧水器介绍。

图 3-24　空客 A320 咖啡机　　　　图 3-25　空客 A320 烧水杯　　　　图 3-26　空客 A320 烧水器

5. 厨房配电板

每一个厨房都有一块配电板（图 3-27），主要用于控制厨房设备供电，也可用于设备供电测试。厨房里面的电气设备都有相应的保险装置，即"跳开关"。跳开关上面的数字表示设备过载的电流（安培）。

6. 储藏柜、冷却板、水槽、应急断水阀、餐车

空客 A320 的储藏柜（图 3-28）、冷却板（图 3-29）、水槽、应急断水阀（图 3-30）、餐车的功能同第二章波音 B737-800 的相关设备相同。

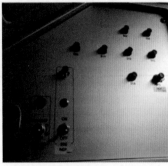

图 3-27　空客 A320 厨房配电板

图 3-28　储藏柜

图 3-29　冷却板

图 3-30　水槽和应急断水阀

二、盥洗室系统

空客 A320 机型最多可以安装 4 个盥洗室，但一般只安装 2～3 个。为使机组人员和旅客比较方便地到达盥洗室，通常将盥洗室安装在客舱前部和后部，即分为前盥洗室和后盥洗室，如图 3-31 所示。

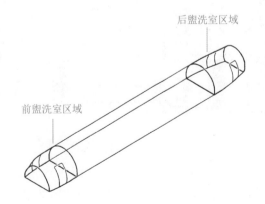

后盥洗室区域

前盥洗室区域

图 3-31　空客 A320 盥洗室位置

　　盥洗室中的标准设备主要包括马桶、马桶罩、镜子、洗手池、照明灯、辅助灯、手柄、衣帽钩、烟灰缸、婴儿换洗台、服务橱柜等，可选的设备还包括马桶垫纸分配器、水杯分配器、香水架、皂液分配器等。特别要注意的是，安装在盥洗室里唯一的电气系统是剃须刀供电系统。空客 A320 盥洗室结构如图 3-32 所示。

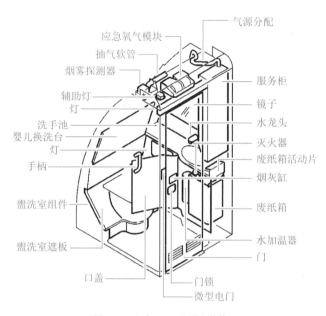

图 3-32　空客 A320 盥洗室结构

（一）盥洗室门操作

　　盥洗室门安装有带"有人/无人"指示灯的锁、微动电门、门闩、衣帽钩等。应急打开盥洗室门的操作步骤为：①提起弹簧加载的盖板。②滑动旋钮，直到"VACANT（无人）"指示灯显示。③拉开门。如图 3-33 所示。

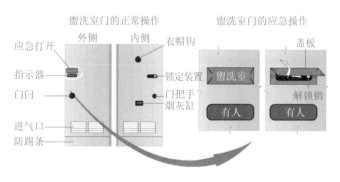

图 3-33　空客 A320 盥洗室门操作

（二）盥洗室设备

　　空客 A320 盥洗室的马桶、洗手池和废纸箱、呼叫按钮和服务标示及信号牌、镜子、门闩、烟雾探测及灭火系统、婴儿换洗台等设备（图 3-34～图 3-41）的功能，与第二章波音B737-800 的盥洗室设备功能相同。

图 3-34　飞机马桶

图 3-35　飞机盥洗室洗手池和废纸箱

图 3-36　飞机盥洗室呼叫按钮
及服务标示牌

图 3-37　飞机盥洗室镜子

图 3-38　飞机盥洗室门闩

图 3-39　空客 A320 烟雾探测器

图 3-40　空客 A320 盥洗室
灭火系统

图 3-41　飞机盥洗室婴儿换洗台

三、饮用水/污水系统

　　空客 A320 饮用水/污水系统包括通过引气增压的饮用水系统、污水处理系统和盥洗室系统，如图 3-42 所示。

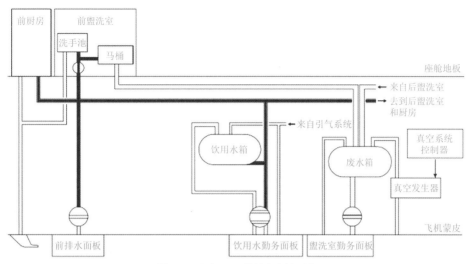

图 3-42 空客 A320 饮用水/污水系统

（一）饮用水系统

饮用水系统是从水箱通过分配系统供水的，既提供给厨房和盥洗室内的用水，又供给盥洗室洗手池下面的热水器。饮用水系统的子系统包括水箱、分配系统、水量指示、放水、供气系统、饮用水冰冻保护、排放系统防冰等，如图 3-43 所示。

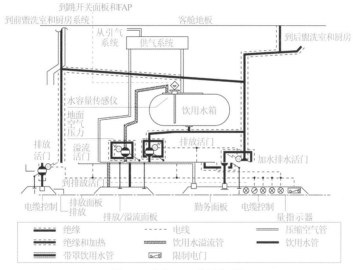

图 3-43 空客 A320 饮用水系统

1. 水箱

饮用水水箱安装在后货舱隔间后面的增压地板下的左侧区域，最大储存量为 200L，通过胶管输送来的空气给水增压，并由指示系统监视水箱的水量，如图 3-44 所示。

2. 分配系统

水箱的饮用水由分配系统（图 3-45）供应，通过前/后厨房与盥洗室的分配管路低于客舱地板。饮用水系统的供给由机械或电气作动的活门控制，来自发动机引气的压缩空气连接到水箱的进气口，水箱增压后将水供到需要的位置。

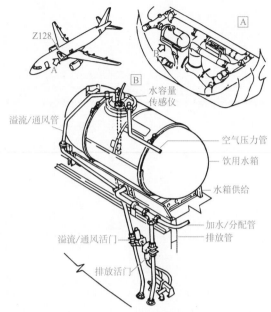

图 3-44 空客 A320 饮用水水箱

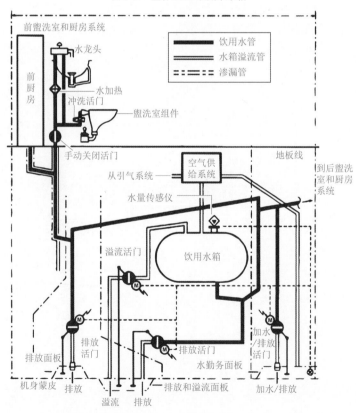

图 3-45 空客 A320 饮用水分配系统

3. 水量指示系统

水量指示系统（图 3-46）用于帮助地面和客舱勤务人员查看当前饮用水水箱中的水量。

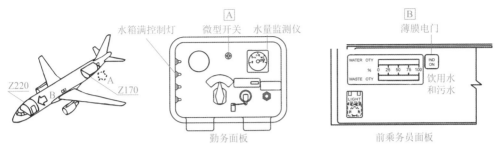

图 3-46　空客 A320 饮用水水量指示系统（按键式）

4. 水加温器

水加温器（图 3-47）位于洗手池下方，容量 1.5L，水温范围为 45～48℃。注意，当水温达到 60℃时，电源将自动切断。

（二）污水处理系统

污水处理系统用于处理从厨房和盥洗室排放的污水，包括盥洗室系统和污水排放系统。

1. 盥洗室系统

图 3-47　空客 A320 水加温器

盥洗室系统（图 3-48）使用飞机引气系统来增压饮用水以冲洗马桶，并通过真空系统提供的吸力，将污水从抽水马桶排放到地板下的污水箱。当污水箱已满或水位传感器故障时，水位传感器（有优先权）将提供信号以停止盥洗室系统的工作。在地面勤务工作期间，污水箱应是清洁的，并注满规定容量的清洁液体。

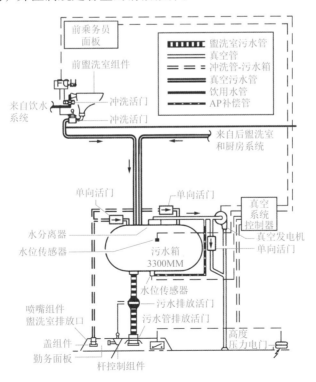

图 3-48　空客 A320 盥洗室系统

2. 污水排放系统

污水排放系统处置从盥洗室洗手池和厨房洗涤槽而来的污水。

📖 民 航 小 知 识 📖

"客舱清舱工作"的检查项目有哪些？

客舱清舱工作是指，每次旅客登机前和下机后，由航空安全员、客舱乘务员对客舱进行排除可疑物和外来物的工作。

乘务组负责区域的检查项目包括：衣帽间、储藏柜、乘务员座椅、应急设备存放区/救生衣存放区、厨房工作台/烤箱、餐车/机供品、厨房废物箱等。

安保组负责区域的检查项目包括：客舱过道/地板/四周壁板、舱顶/救生船存放区、行李舱、旅客座椅周围区域、洗手间废纸箱、烟灰缸、纸巾存放区域、镜面背后区域、洗手池下方区域、马桶周围区域、婴儿换洗台等。

乘务长和安保组组长组织对客舱实施清舱检查，确认客舱全部区域检查完毕后，安保组组长与乘务长一起将客舱安保检察情况报告机长。

📖 思 考 题 📖

1. 空客 A320 厨房主要有哪些设备？它们各有什么特点？
2. 空客 A320 盥洗室主要有哪些设备？它们各有什么特点？
3. 空客 A320 饮用水/污水系统由哪些部件组成？它们分别有什么作用？

第四节　客舱通信系统

空客 A320 客舱通信系统由旅客广播和娱乐系统、勤务内话系统、乘务员控制面板等子系统组成。

一、旅客广播和娱乐系统

旅客广播和娱乐系统是客舱内部通信数据系统（CIDS）的一部分，用于向旅客提供通告和娱乐节目，由预录通告和机上音乐系统、旅客娱乐系统（音乐和视频）、旅客目视信息系统、旅客空对地电话系统、旅客 AM/FM 无线电系统设备等组成。

（一）预录通告和机上音乐播放系统

该系统通过旅客广播系统向旅客播放预录通告信息和机上音乐，其由前乘务员控制面板控制。

（二）旅客娱乐系统（音乐）

多路传输的旅客娱乐系统（图 3-49）为旅客播放预录音频娱乐节目，每个旅客可使用座椅上的旅客控制组件（PCU）选择频道和音量，并通过耳机收听。

图 3-49 空客 A320 旅客控制组件（PCU）

（三）旅客娱乐系统（视频）

旅客娱乐系统（图 3-50）通过安装在客舱的 LCD 显示器为旅客提供预录视频节目，并通过客舱扬声器传送视频声音。

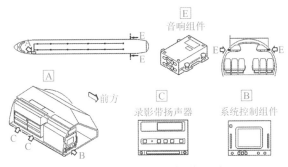

图 3-50 空客 A320 旅客娱乐系统（视频）

二、勤务内话系统

空客 A320 勤务内话系统（图 3-51）为飞行机组、客舱机组和地面维护人员之间提供电话通信，在飞机不同位置安装了 8 个勤务内话插孔。

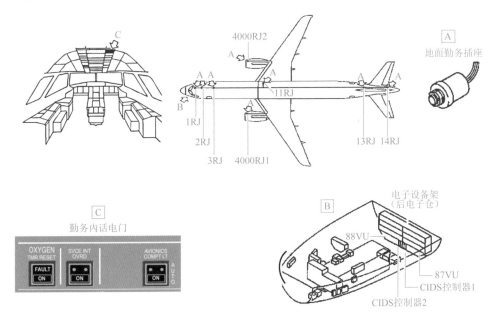

图 3-51 空客 A320 勤务内话系统

（一）呼叫系统

空客 A320 的呼叫系统包括驾驶舱呼叫系统、客舱呼叫系统和盥洗室呼叫系统，通过区域呼叫面板（ACP）和乘务指示面板（AIP）指示。客舱呼叫系统包括旅客服务组件上的呼叫按钮和信号牌显示灯，盥洗室呼叫系统包括盥洗室呼叫按钮、盥洗室门上的呼叫灯，以及"返回座位"（RETURN TO SEAT）指示标志，如图 3-52 所示。

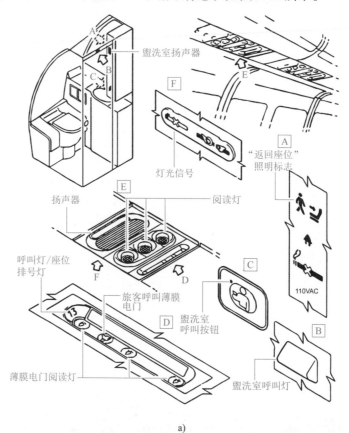

a)

b) 旅客服务组件（PSU）

c) 盥洗室呼叫按钮和返回座位标志

d) 盥洗室门上呼叫灯

图 3-52　空客 A320 客舱呼叫系统和盥洗室呼叫系统

1. 区域呼叫面板（ACP）

该面板（图 3-53）安装在乘务员座位附近的天花板上，共 4 个，不同颜色和声音能够显示呼叫系统的远程信号信息。ACP 包括不同颜色的 LED 灯光和声音，主要功能如下：

（1）琥珀色（COLOUR 1）：盥洗室呼叫（稳定亮）或盥洗室烟雾报警（闪亮），并伴随高谐音提示音。

（2）粉红色 1（COLOUR 2）、粉红色 2（COLOUR 3）：机组内话呼叫和乘务员之间内话呼叫（稳定亮），并伴随高/低谐音提示音；机组应急呼叫（闪亮），并伴随连续高/低谐音提示音。

（3）蓝色（COLOUR 4）：客舱旅客呼叫（稳定亮），并伴随高谐音提示音。

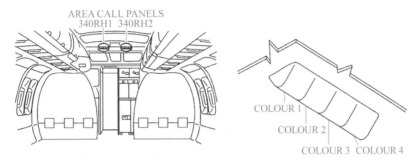

a) 示意图

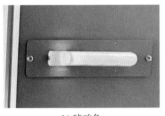

b) 琥珀色

c) 粉红色

d) 蓝色

图 3-53 空客 A320 区域呼叫面板（ACP）

2. 乘务指示面板（AIP）

该面板（图 3-54）安装在乘务员座位附近，共 3 个，显示驾驶舱、乘务员、旅客、盥洗室呼叫及手提内话机使用的状态，主要功能如下所示。

（1）显示客舱通信信息（上面一行），优先级依次为：驾驶舱紧急呼叫>呼叫全体乘务员>机组人员之间呼叫及盥洗室旅客呼叫>客舱旅客呼叫>勤务内话>PA 和预录通告。

（2）显示客舱系统信息（下面一行），优先级依次为：烟雾报警信息>应急撤离提示>PA。

（3）显示方式：字母数字和 AIP 两侧的指示灯。

（4）红色指示灯（左侧）：系统和紧急信息，如果闪亮表示程度更加紧急。

（5）绿色指示灯（右侧）：正常的通信信息。

a) 上行信息

b) 下行信息

图 3-54 空客 A320 乘务指示面板（AIP）

3. 呼叫系统操作

空客 A320 呼叫系统操作包括：客舱旅客呼叫、盥洗室旅客呼叫、飞行员呼叫、乘务员之间呼叫、盥洗室烟雾报警、应急撤离呼叫等。

（1）客舱旅客呼叫（图 3-55）

①客舱旅客按下座椅上方 PSU 上的乘务员呼叫按钮，呼叫按钮灯点亮，并伴随高谐音提示音"叮"。

②相对应区域的乘务员站位上方 ACP 蓝色指示灯点亮。

③AIP 绿色指示灯点亮，显示呼叫位置、排数及左/右（L/R）方向（例如：CALL SR 31L）。

④解除方法：按下该旅客 PSU 上的乘务员呼叫按钮。

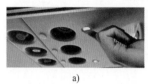 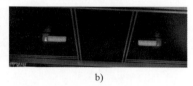 

| a) | b) | c) |

图 3-55　客舱旅客呼叫操作步骤

（2）盥洗室旅客呼叫（图 3-56）

①盥洗室旅客按下盥洗室内壁板上的呼叫按钮，呼叫按钮灯点亮，并伴随高谐音提示音"叮"。

②盥洗室外壁板上方琥珀色灯点亮。

③相对应区域的乘务员站位上方 ACP 琥珀色指示灯点亮。

④AIP 绿色指示灯点亮，显示发出呼叫盥洗室的位置（LAV A，L1 门盥洗室；LAV D，L2 门盥洗室；LAV E，R2 门盥洗室）。

⑤解除方法：按下该盥洗室内呼叫按钮或外壁板上方琥珀色灯。

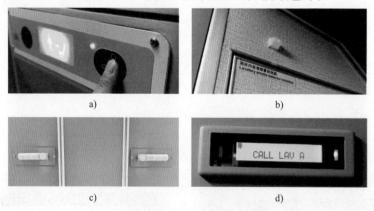

图 3-56　盥洗室旅客呼叫操作步骤

（3）飞行员呼叫（图 3-57）

①飞行员按下驾驶舱手提内话机上的 FWD ATTND 或 AFT L ATTND 或 AFT R ATTND 或 ALL ATTND 键，并伴随高/低谐音提示音"叮/咚"。

②乘务员站位上方 ACP 粉红色指示灯点亮。

③AIP 绿色指示灯点亮，显示驾驶舱呼叫（CALL CAPTAIN）。

④解除方法：从相对应区域的基座上取下乘务员手提内话机。

 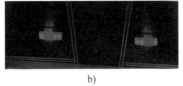 

a)　　　　　　　　　　　　　b)　　　　　　　　　　　　　c)

图 3-57　飞行员呼叫操作步骤

（4）乘务员之间呼叫（图 3-58）

以后舱门乘务员呼叫前舱门乘务员为例，操作步骤如下：

①后舱门乘务员取下其手提内话机，AIP 显示"#"。

②后舱门乘务员按下其手提内话机上的 FWD ATTND 键，后乘务员站位 AIP 显示"FWD ATTND"，并伴随高/低谐音提示音"叮/咚"。

③前舱门乘务员站位上方 ACP 粉红色指示灯点亮。

④前乘务员站位 AIP 绿色指示灯点亮，显示后乘务员呼叫（AFT ATTND）。

⑤解除方法：从基座上取下前乘务员手提内话机。

图 3-58　乘务员之间呼叫操作步骤

（5）盥洗室烟雾报警（图 3-59、图 3-60）

以前盥洗室为例，当出现烟雾报警紧急情况时，前盥洗室外壁板上方琥珀色灯闪亮，前乘务员控制面板（FAP）上出现前盥洗室烟雾报警信息"FWD LAVATORY SMOKE ALARM"，乘务员站位上方 ACP 琥珀色灯闪亮，AIP 红色指示灯闪亮，并显示前盥洗室出现烟雾（SOMKE LAV A）。解除方法为按压盥洗室外壁板上方琥珀色灯。

图 3-59　前乘务员控制面板上前盥洗室　　　　图 3-60　AIP 前盥洗室烟雾报警信息
　　　　烟雾报警信息

（6）应急撤离呼叫

当按下 FAP 辅助面板的 EVAC CMD 键，或按下后乘务员控制面板 AAP 上的 EVAC 键时，乘务员站位上方 ACP 粉红色灯闪亮，并伴随警铃声；AIP 红色指示灯闪亮，并显示应急撤离（EVACUATION ALERT）。

（二）手提内话机

空客 A320 手提内话机（图 3-61）位于前/后舱门乘务员座位处，通过按下不同的电话按键，可以与飞行员/乘务员通话，或进行客舱广播和应急呼叫。

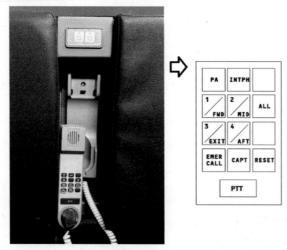

图 3-61　空客 A320 手提内话机

手提内话机的操作方法如下：

（1）从存放架上取下内话机，乘务指示面板（AIP）显示"#"。

（2）按下内话机相应按键进行呼叫，AIP 上显示呼叫站位/被呼叫站位信息，并且 AIP 和区域呼叫面板（ACP）相应指示灯点亮，同时伴随提示音。

（3）被呼叫者取下内话机即可接听。

（4）通话结束后按"RESET"键或挂机。

（5）客舱广播时需按下 PTT 键，音频才能进入客舱，机组之间通话过程中无须按 PTT 键。

手提内话机按键有：客舱广播（PA）、呼叫地面维护人员（INTPH）、呼叫前舱门乘务员（1/FWD）、呼叫中间乘务员（2/MID）、呼叫所有乘务员（ALL）、呼叫应急出口处乘务员（3/EXIT）、呼叫后舱门乘务员（4/AFT）、应急呼叫（EMER CALL）、呼叫驾驶舱（CAPT）、内话机复位（RESET）、送话键（PTT）。

三、乘务员控制面板

空客 A320 配有前后两个乘务员控制面板，分别位于前舱门和后舱门的乘务员工作区（图 3-62）。乘务员控制面板分为按键式和液晶式两类，可以控制客舱灯光、预录广播、登机音乐、饮用水/污水状况、烟雾报警等。当前液晶式的应用较多，新增了对客舱温度、舱门/滑梯状态的监控。

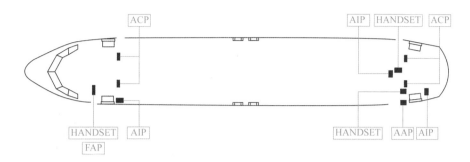

图 3-62 空客 A320 乘务相关面板位置图

（一）按键式面板

后乘务员控制面板（AAP）（图 3-63）位于后舱门乘务员座位附近，设有客舱灯光系统和应急撤离信息控制系统。目前，多数飞机的后乘务员控制面板仍然以按键式面板为主。

图 3-63 空客 A320 按键式 AAP

AAP 按键包括：入口灯明亮（100%）（ENTRY BRT）、入口灯暗亮（50%）（ENTRY DIM1）、入口灯暗亮（10%）（ENTRY DIM2）、后舱段客舱灯明亮（100%）（AFT BRT）、后舱段客舱灯暗亮（50%）（AFT DIM1）、后舱段客舱灯暗亮（10%）（AFT DIM2）、解除应急报警（EVAC RESET）、应急报警（EVAC）、解除旅客呼叫（CALL RESET）、盥洗室烟雾警告指示（SMOKE）。

（二）液晶式面板

液晶式面板主要是指前乘务员控制面板（FAP），其位于前舱门乘务员座位上方，由液晶触摸屏和辅助面板（又称"杂项面板"）组成，设有客舱状态页面、客舱灯光页面、音频页面、舱门及滑梯页面、客舱温度页面、饮用水/污水显示页面和故障显示系统。

1. 客舱状态页面

在打开电源并输入密码后，触摸"Cabin Status"键进入客舱状态页面，通过功能键或左右翻页键选择所需客舱控制系统，如图 3-64 所示。

其主要按键包括：信息提示灯（CAUT）、音频页面（Audio）、灯光控制页面（Lights）、舱门及滑梯预位显示页面（Doors/Slides）、温度控制页面（Temp）、饮用水/污水显示页面（Water/Waste）、烟雾探测页面（Smoke Detect）、返回主菜单，进入客舱状态页面（Cabin Status）。

飞机客舱系统

2. 客舱灯光页面

客舱灯光页面（图3-65）用于控制客舱灯光系统。

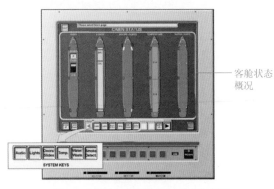

客舱状态
概况

图 3-64　前乘务员控制面板客舱状态页面

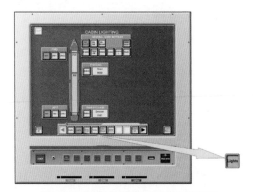

图 3-65　前乘务员控制面板客舱灯光页面

客舱灯光面板的操作方法为：根据需要按下相应按键，使其变为绿色；再次按下相应绿色按键即为关闭，使其变为灰色。

客舱灯光面板的按键包括：总开关（Main On/Off）、客舱顶灯开关（AISLE）、客舱窗灯开关（WDO）、打开阅读灯（R/L Set）、关闭阅读灯（R/L Reset）、前入口灯开关（FWD）、后入口灯开关（AFT）、100％亮度（BRT）、客舱顶灯和窗灯开关（Y/C）、50％亮度（DIM1）、10％亮度（DIM2）。

3. 音频页面

音频页面（图3-66）用于控制飞机音频系统。音频页面操作方法如下：

（1）BOARDING MUSIC 面板

①按"ON/OFF"键，使其变为绿色，最左侧的飞机图形显示当前频道和音量。

②根据需要调节面板上的频道和音量。

③播放完毕后，再按"ON/OFF"键，使其变为灰色，飞机图形变成全灰且不显示内容。

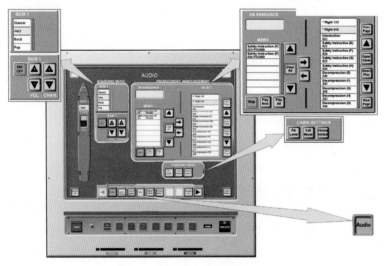

图 3-66　前乘务员控制面板音频页面

（2）PRERECORDED ANNOUNCEMENT 面板

①按 SELECT 面板上的数字键选择所需项目编号。

②按 "Enter" 键，所选项目输入到 MEMO 面板。

③按 Play Next 键或 Play All 键播放所需项目。

④播放完毕，清除所有记忆项目。

（3）注意事项

①登机音乐在旅客登机和下机时播放。

②登机音乐频道和音量应预先调好，音乐应轻松愉快，音量应适中。

③预录广播项目按航空公司要求播放。

音频页面的按键包括：登机音乐（BOARDING MUSIC）、背景音乐（BGM）、频道（CHAN）、音量（VOL）、登机音乐开关（ON/OFF）、预录广播（PRERECORDED ANNOUNCEMENT）、正在广播（ON ANNOUNCE）、预录广播项目（MEMO）、清除预录项目/清除全部预录项目（Clear Memo/Clear All）、停止播放（Stop）、播放下一个预录项目/播放全部预录项目（Play Next/Play All）、选择区（SELECT）、清除（Clear）、输入（Enter）。

4. 舱门及滑梯页面

舱门及滑梯页面（图 3-67）用于显示飞机舱门及滑梯预位状态，其按键说明如下：

（1）红色：舱门打开或未关闭好。

（2）黄色：舱门已正确关闭，滑梯在解除预位状态。

（3）绿色：舱门已正确关闭，滑梯在预位状态。

5. 客舱温度页面

客舱温度页面（图 3-68）用于控制飞机客舱温度。

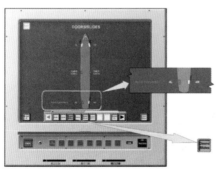

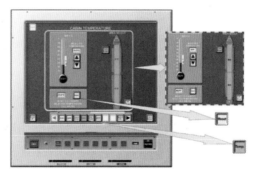

图 3-67 前乘务员控制面板舱门及滑梯页面　　　图 3-68 前乘务员控制面板客舱温度页面

客舱温度页面操作方法如下：

（1）按 "Fwd Area" 键或 "Aft Area" 键选择控制区域，左侧显示调节页面。

（2）按 "+" 或 "−" 键调节温度，每按一次温度变化 0.5℃，调至所需温度，显示在 SELECTED TEMPERATURE 窗口。温度计右侧绿色箭头指示目标温度，浅色区域为温度调节范围±2.5℃。

客舱温度页面的按键包括：区域选择（AREA SELECT）、客舱前部（Fwd Area）、客舱后部（Aft Area）、目标温度（SELECTED TEMPERATURE）、重置至驾驶舱调节的温度（全部区域）（Reset）。

6. 饮用水/污水页面

饮用水/污水页面（图 3-69）用于显示飞机饮用水/污水情况。WASTE QUANTITY 区域显示污水量，用百分比表示，起飞前应在 "0" 位；WATER QUANTITY 区域显示饮用水量，起飞前应在 "100" 位。

饮用水/污水页面的按键包括：显示污水量（WASTE QUANTITY）、显示饮用水量（WATER QUANTITY）。

7. 烟雾探测页面

烟雾探测页面（图 3-70）用于显示飞机烟雾探测情况，若盥洗室探测到烟雾，在该页面上显示报警信息。

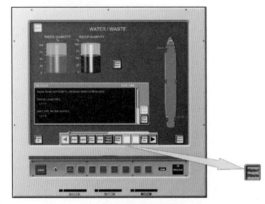

图 3-69　前乘务员控制面板饮用水/污水页面

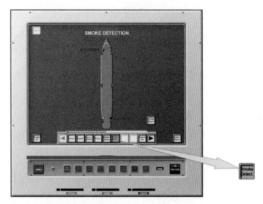

图 3-70　前乘面板烟雾探测页面

（三）前乘务员控制面板辅助面板

前乘务员控制面板辅助面板（图 3-71）位于 FAP 下方，提供客舱控制的辅助功能，独立于 FAP 的操作。

图 3-71　前乘务员控制面板辅助面板

辅助面板按键说明如下：

（1）EMER：启动应急灯光系统。

（2）PED POWER：便携式电子设备电源（启动/关闭座椅内电源系统）。

（3）LIGHTS MAIN ON/OFF：主灯光开/关（启动/关闭客舱灯光）。

（4）LAV MAINT：盥洗室维护（当盥洗室维护时，将盥洗室灯光设置到最亮）。

（5）SCREEN 30 SEC. LOCK：将触摸屏设置到 30 秒钟的睡眠模式供清洁。

（6）EVAC CMD：撤离指令（启动撤离警戒系统）。

（7）EVAC RESET：撤离重置（重置撤离警戒系统的音响警告）。

（8）SMOKE RESET：烟雾重置（重置盥洗室烟雾系统的音响警告）。

（9）FAP RESET：前乘务员控制面板 FAP 重置（重置 FAP 的设置）。

（10）SYS：系统报警灯。

📖 民 航 小 知 识 📖

空乘的标准用语有哪些?

1. 欢迎词

女士们，先生们：

欢迎您乘坐中国××航空公司××航班由_____前往_____（中途降落_____）。由_____至_____的飞行距离是_____，预计空中飞行时间是_____小时_____分。飞行高度_____米，飞行速度平均每小时_____公里。

为了保障飞机导航及通信系统的正常工作，在飞机起飞和下降过程中请不要使用手提式电脑，在整个航程中请不要使用手提电话，遥控玩具，电子游戏机，激光唱机和电音频接收机等电子设备。

飞机很快就要起飞了，现在客舱乘务员进行安全检查。请您在座位上坐好，系好安全带，收起座椅靠背和小桌板。请您确认您的手提物品是否妥善安放在头顶上方的行李舱内或座椅下方。（本次航班全程禁烟，在飞行途中请不要吸烟。）

本次航班的乘务长将协同机上_____名乘务员竭诚为您提供及时、周到的服务。

谢谢！

2. 起飞后广播

女士们，先生们：

我们的飞机已经离开_____前往_____，沿这条航线，我们飞经的省份有_____，经过的主要城市有_____，我们还将飞越_____。

在这段旅途中，我们为您准备了××餐。供餐时我们将广播通知您。

下面将向您介绍客舱设备的使用方法：今天您乘坐的是××型飞机。您的座椅靠背可以调节，调节时请按座椅扶手上的按钮。在您前方座椅靠背的口袋里有清洁袋，供您扔置杂物时使用。在您座椅的上方备有阅读灯开关和呼叫按钮。如果你需要乘务员的帮助，请按呼唤铃。在您座位上方有空气调节设备，调节请转动通风口。盥洗室在飞机的前部和后部，在盥洗室内请不要吸烟。

3. 餐前广播

女士们，先生们：

我们将为您提供餐食（点心餐）、茶水、咖啡和饮品，欢迎您选用。需要用餐的旅客，请您将小桌板放下。

为了方便其他旅客，在供餐期间，请您将座椅靠背调整到正常位置。谢谢！

4. 预定到达时间广播：

女士们，先生们：

本架飞机预定在＿＿＿分钟后到达＿＿＿机场，现在地面温度是＿＿＿＿，谢谢！

5. 下降时安全检查广播

女士们，先生们：

飞机正在下降。请您回原位坐好，系好安全带，收起小桌板，将座椅靠背调整到正常位置。所有个人电脑及电子设备必须处于关闭状态。请您确认您的手提物品是否已妥善安放。稍后，我们将调暗客舱灯光。谢谢！

6. 达到终点站

女士们，先生们：

飞机已经降落在＿＿＿机场，外面温度＿＿＿摄氏度，飞机正在滑行，为了您和他人的安全，请先不要站起或打开行李舱。等飞机完全停稳后，请你再解开安全带，整理好手提物品准备下飞机。从行李舱里取物品时，请注意安全。您交运的行李请到行李提取处领取。需要在本站转乘飞机到其他地方的旅客请到候机室中转柜办理。

感谢您选择××航空公司班机！下次旅行再会！

7. 旅客下飞机广播

女士们，先生们：

本架飞机已经完全停稳（由于停靠廊桥），请您从前（中，后）登机门下飞机。谢谢！

📖 思 考 题 📖

1. 空客 A320 勤务内话系统主要由哪些部分组成？它们各有什么特点？
2. 空客 A320 乘务员控制面板有哪些按键？它们各有什么作用？

第五节　客舱灯光系统

空客 A320 客舱灯光系统（图 3-72）提供对客舱、登机口、盥洗室、厨房和乘务员工作区的照明，包括：客舱通用照明、盥洗室灯光照明、旅客阅读灯、盥洗室信号牌灯、客舱乘务员工作灯和应急灯等。

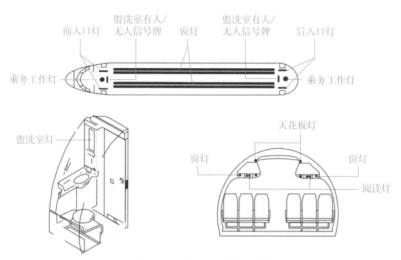

图 3-72　空客 A320 客舱灯光系统

一、客舱通用照明

客舱通用照明主要用于照亮客舱和登机口区域，包括沿着中心通道安装在天花板内的天花板灯，舷窗上方的窗灯和在每个登机口处的入口灯（图 3-73）。通过前/后乘务员控制面板控制客舱通用照明，具体按键说明请参考第四节。

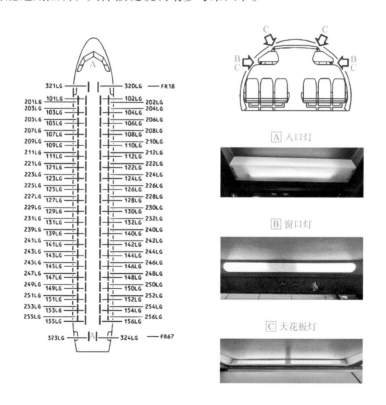

图 3-73　空客 A320 客舱通用照明

二、盥洗室灯

盥洗室灯用于盥洗室内部照明。每个盥洗室内装有一个荧光管和附加的一组卤素灯,由盥洗室门框中的微动电门控制荧光管和卤素灯的亮度(图 3-74)。通过前乘务员控制面板(按键式)上的盥洗室电源电门(POWER LAV)来控制盥洗室照明系统的电源。新一代飞机盥洗室灯为自动控制。

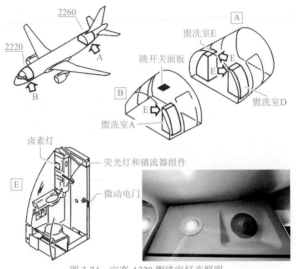

图 3-74 空客 A320 盥洗室灯光照明

三、盥洗室信号牌灯

盥洗室信号牌灯用于指示盥洗室内是否有人,由盥洗室门框中的微动电门控制。门锁上后,绿灯显示变为红灯显示,表示有人(图 3-75)。

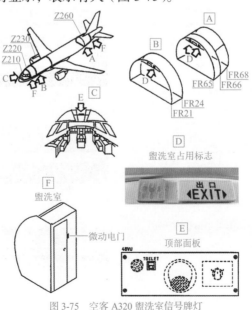

图 3-75 空客 A320 盥洗室信号牌灯

四、旅客阅读灯

旅客阅读灯是提供旅客附加照明的高亮度灯，通过 PSU 上的阅读灯按钮控制相应位置的阅读灯（图 3-76）。前乘务员控制面板（按键式）上的阅读灯电源电门（POWER READ）可控制阅读灯系统电源。液晶式面板由灯光系统页面上的 R/L Set 和 R/L Reset 键控制。

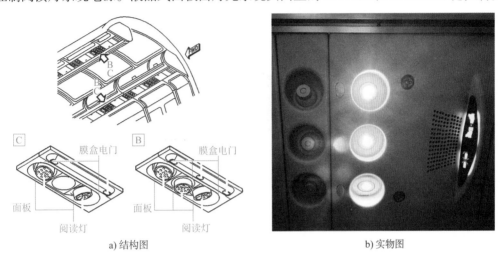

a) 结构图　　　　　　　　　　　　　　b) 实物图

图 3-76　空客 A320 旅客阅读灯

五、乘务员工作灯

客舱乘务员工作灯（图 3-77）是高亮度灯，提供给乘务员工作区域的附加照明，每个乘务员可通过一个按钮控制自己的工作灯。乘务员通过前乘务面板上的 POWER ATTN 电门来控制客舱乘务员工作灯的电源。

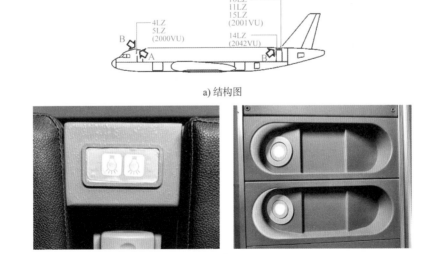

a) 结构图

b) 实物图

图 3-77　空客 A320 客舱乘务员工作灯（BRT：亮位；DIM：暗位）

六、厨房灯

厨房灯用于在厨房工作台准备餐饮时的照明,由对应厨房配电板上的三位开关(WORK LIGHT)控制:BRT 明亮、DIM 暗亮、OFF 关断(图 3-78)。

图 3-78　空客 A320 厨房灯

七、应急灯

客舱应急灯用于显示舱门和应急出口的位置和标识,为旅客迅速撤离提供方向性照明,包括位于舱门和应急出口门框附近的 10 个出口标志灯(EXIT)、天花板上的 3 个出口标志灯(EXIT)、14 个客舱应急天花板灯,以及客舱通道地板上的反光带(图 3-79～图 3-83)。应急灯由独立于飞机电源系统的应急电源组件供电,可维持 12min。

a)　　　　　　　　　b)

图 3-79　空客 A320 舱门出口标志灯

图 3-80　空客 A320 应急出口门的出口标志灯

图 3-81　空客 A320 天花板出口标志灯

图 3-82　空客 A320 天花板应急灯

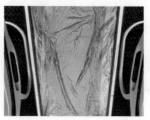

图 3-83　空客 A320 地板反光带

1. 空客 A320 客舱灯光系统主要有哪些灯？它们各有什么特点？
2. 空客 A320 的盥洗室灯光由哪些部分组成？

第六节　客舱氧气系统

空客 A320 客舱氧气系统为乘务员和旅客提供氧气，包括旅客氧气系统和便携式氧气系统。

一　旅客氧气系统

旅客和客舱乘务员的氧气是由应急氧气瓶提供的，适用于客舱压力突然下降的情况，安装位置包括旅客座位、盥洗室、驾驶舱勤务员位置、厨房工作区域（图 3-84）。每个化学氧气组件是由固态化学氧气发生器和两个或者更多的连续气流氧气面罩组成的，供给软管将面罩连到化学氧气发生器。另外，为旅客展示如何使用应急氧气的示范面罩，没有连接到系统。空客 A320 旅客氧气系统的控制和显示如图 3-85 所示。

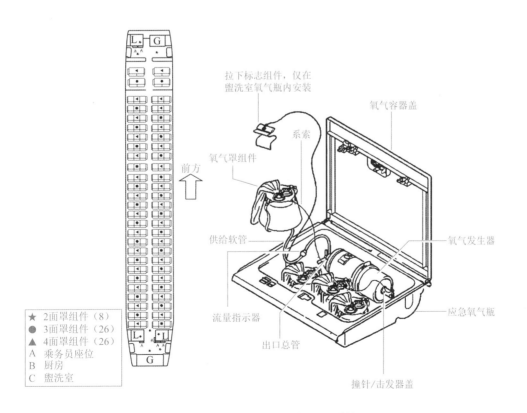

图 3-84　空客 A320 化学氧气组件位置和结构

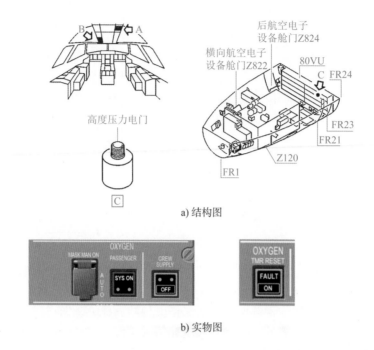

a) 结构图

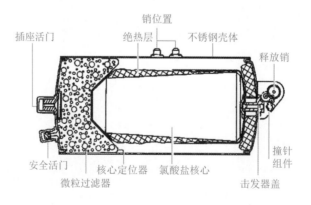

b) 实物图

图 3-85　空客 A320 旅客氧气系统控制和显示

（一）化学氧气发生器

化学氧气发生器产生的氧气由填充在金属壳体内的氯酸钠核心提供，其作动器是加载了弹簧的击发器和安装在壳体端部的爆炸帽（图 3-86）。释放销为爆炸帽提供保险，并通过系索连接到氧气面罩。

图 3-86　空客 A320 旅客化学氧气发生器

（二）旅客氧气面罩

旅客氧气面罩（图 3-87）是连接到储气袋的面锥体，吸进、呼出和稀释器活门安装在面锥体内。流量指示器安装在连接氧气面罩的软管里，当氧气流动时，流量指示器显示绿色。

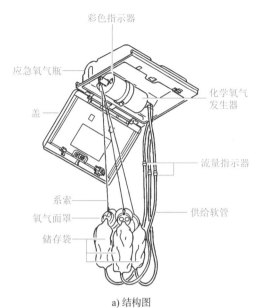

a) 结构图

b) 实物图

图 3-87 空客 A320 旅客氧气面罩

（三）操作

（1）应急氧气组件门打开，释放氧气面罩。

（2）信息传送到旅客广播系统，位于驾驶舱顶板的"SYS ON"指示灯亮。

（3）将氧气面罩拉向面部，应急氧气流动。启动化学氧气发生器后，大约可以提供 15min 的氧气。

二、客舱手提式氧气系统

便携式氧气系统为旅客和乘务员在应急情况下和急救处置时供给氧气，配有高压氧气瓶和连续气流的氧气面罩，另外还有示范氧气面罩和手动释放工具等（图 3-88）。同时，在客舱有烟雾或危险气体时，防护式呼吸装置（PBE）也为乘务员提供氧气。PBE 可安装在厨房区域、乘务员座位区域、行李舱等。

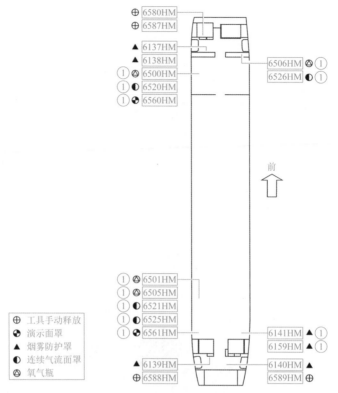

图 3-88　空客 A320 便携式氧气系统

（一）手提氧气瓶

手提氧气瓶是容积为 310/311L 或 120L 的高压气瓶，安装在有快速松开卡环的支架上（图 3-89）。

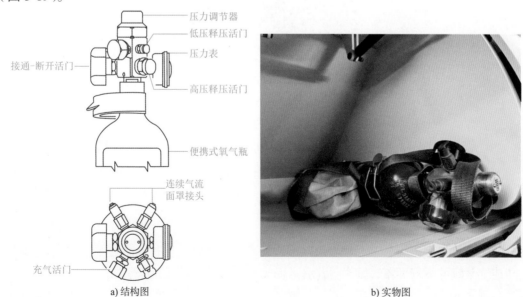

图 3-89　空客 A320 手提氧气瓶

（二）防护式呼吸装置

防护式呼吸装置（PBE）用于保护乘务员不受烟雾和危险气体的侵害，其有多种类型，在不同飞机或同一飞机内都可能配置不同的型号（图 3-90）。具体结构和使用说明参考 B737-800氧气系统章节的介绍。

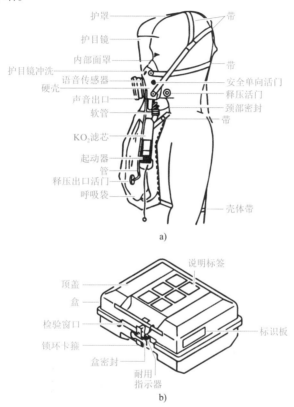

图 3-90　空客 A320 防护式呼吸装置（PBE）

📖 民 航 小 知 识 📖

应急医疗箱药物使用说明书

1. 阿司匹林片

阿司匹林片用于轻、中度疼痛，发热及风湿的缓解和治疗。有消化道出血、血友病或血小板减少症及阿司匹林过敏者禁用。用法：必要时，一次 1～2 片，一日 1～3 次。

2. 硝酸甘油

硝酸甘油用于冠心病、心绞痛的治疗及预防，也可用于降低血压或充血性心力衰竭。青光眼患者禁用。用法：一次 0.25～0.5mg，舌下含服，每 5min 可重复 1 片，直至疼痛缓解。如果 15min 内总量达 3 片后疼痛持续存在，应立即就医。在活动或大便之前 5～10min

预防性使用，可避免诱发心绞痛。

3. 酸肾上腺素

酸肾上腺素用于心脏骤停的抢救和过敏性休克的抢救，也可用于其他过敏性（如支气管哮喘、荨麻疹）的治疗。用法：①皮下或肌肉注射。成人，0.5～1.0mg/次；儿童，每次0.02～0.03mg/kg。必要时 1～2h 后重复使用。②静脉或心内注射：0.5～1.0mg/次，以生理盐水稀释 10 倍后注射。

4. 盐酸苯海拉明

盐酸苯海拉明用于各种过敏性疾病及晕船、晕车等。用法：深部肌内注射，一次 20mg，一日 1～2 次。

5. 0.9%氯化钠

0.9%氯化钠用于冲洗伤口及输液等。用法：由医生依需要而定。

6. 口咽器

口咽器用于急救时保持呼吸道通畅。

7. 酒精片

酒精片的作用是外用于局部消毒。

图 3-91 是某机型飞机医疗箱。

图 3-91　某机型飞机医疗箱

📖 思 考 题 📖

1. 空客 A320 客舱氧气系统主要由哪些部分组成？它们各有什么特点？
2. 机载氧气瓶和医院用氧气瓶的区别是什么？

AIRCRAFT
CABIN SYSTEM

第四章　波音 B777 客舱系统

　　波音 B777 系列是由波音公司制造的目前全球最大的中远程双引擎宽体客机，主要型号有波音 B777-200（图 4-1）、波音 B777-300。波音 B777 在外形尺寸和航程上均介于 B767-300 和 B747-400 之间，具有座舱布局灵活、航程范围大和不同型号满足不断变化的市场需求的特点。其采用圆形机身设计，主起落架共有 12 个机轮，所采用的发动机直径也是所有客机之中最大的。

图 4-1　波音 B777-200

　　一架波音 B777 上有 300 万个零部件，由全球 17 个国家的 900 多家供应商提供前舱、机翼、尾翼、发动机整流罩、机翼前缘组件、机翼活动面、起落架、天花板支撑架、舱门和天线等，最后在波音公司的监管下完成飞机组装，并执行试飞。

第一节　波音 B777 机型介绍

波音 B777 具有左右两侧三轴六轮的主起落架、完全圆形的机身横切面、刀形机尾等外观特征，采用了全数字电传飞行控制系统（Fly-by-wire）、软件控制的飞行电子控制器、液晶显示飞行仪表板、复合材料、光纤飞行电子网络等多项新技术。

波音 B777 的机身横切面呈圆形，机舱横切面宽达 6.2m，机宽（客舱）5.86m，其为双通道客舱，每排 6 到 10 座。客舱地板下的货舱可装载集装箱。部分 B777 在机舱上部设置了乘务员休息区，飞行员也有独立的休息区。

一、机型基本参数

波音 B777-200 机型基本参数见表 4-1。

波音 B777-200 机型基本参数　　　　　　　　　　　　　　表 4-1

项目	参数
机长（m）	63.7
机高（m）	19.7
翼展（m）	60.90
客舱宽度（m）	5.86
座位数（3 级/单级）（人）	305/440
最大起飞质量（t）	247.21
最大载油量（L）	117000
巡航速度（马赫）	0.84（1030km/h）
最大速度（马赫）	0.89（1090km/h）
最大巡航高度（m）	14000
最大航程（km）	9695
动力装置	两台 PW4000 或 Trent 877 或 GE90-77B
最大推力（kN）	>329（74000 磅）

二、机型主要特点

（1）设计方面：波音 B777 是世界第一款完全以电脑立体 CAD 绘图技术设计的民用飞机，整个设计工序中都没有采用传统绘图纸方式，以确保机上成千上万的零件在被制成昂贵实物原型前，也能清楚计算安放的位置是否稳妥，并节省了开发时间和成本。

（2）发动机方面：由于波音 B777 是宽体双发飞机，因此需要极高推力的发动机，即使其中一个失效，另一个也能够确保飞机至少飞行 180min。运营波音 B777 的航空公司可选用普惠 PW4000、通用电气 GE90 或劳斯莱斯 Trent 800 系列发动机。

（3）新技术方面：波音 B777 所用的双轮前轮起落架是全世界最大的飞机起落架，以便有效控制两组 6 轮的机轮，而无须另设后轴心支架。它也是波音首款采用复合材料制造的飞机，大部分运用于机身尾段的结构，减轻机身质量达 9%，其机翼是所有亚音速商业飞机中最符合空气动力学的结构。

三、客舱布局

一架三级（头等舱、公务舱、经济舱）客舱设计的波音 B777 可载 305 人，而二级客舱或全经济客舱则分别可载 400 及 440 人，其续航距离为 10500km（5650n mile）。以中国南方航空公司机队波音 B777 机型为例，布局如图 4-2 所示，尺寸参数见表 4-2。

图 4-2　波音 B777 机型客舱布局图

波音 B777 机型客舱尺寸参数　　　　　　　　　　　　表 4-2

设备名称	头等舱	公务舱	明珠经济舱	经济舱
座位总数	4	34	44	227
座位间距（英寸）	84	44	38	31~33
扶手间座椅宽度（英寸）	28.5	22	19.2	18.5
座椅倾斜度/椅背可后仰距离	180°	180°	固定靠背式滑躺座椅	6
座椅电源	√	√	√	√
USB 插口	√	√	√	√
个人电视显示屏（英寸）	23	15.4	10.6	10.6（头排）/8.9（其余）

注：1 英寸 = 2.54cm。

📖 民航故事 📖

第一架国产喷气式歼击机——"歼-5"

1956 年 7 月 19 日，曾在抗美援朝战场上击落两架敌机的英雄飞行员吴克明，驾驶着新中国自己生产的第一架喷气式歼击机——歼-5 在沈阳机场腾空而起，直冲云霄。这架歼-5 飞机的机身前部，印着鲜红的编号"中 0101"，意思是新中国生产的喷气式歼击机的第一批第一架（图 4-3）。歼-5 的首飞成功，标志着我国的航空工业跨入了喷气时代，我国从此成为世界上七个能够成批生产喷气式飞机的国家之一。1956 年 9 月 27 日，首批 10 架歼-5 型喷气式歼击机装备部队，从此开始了我国空军以国产作战飞机装备部队的历史。

图 4-3　歼-5 和试飞员吴克明

吴克明在试飞之后说："以前我飞的所有飞机都是外国飞机，绝大部分都是苏联的，那些座舱里面所有的设备、标板全都是俄文标示。我们自己的飞机座舱里面，一进座舱就眼前一亮，为什么？全部都是中国字，一看就明白，这是咱们中国人自己制造的。"

在 1957 年国庆阅兵式上，国产喷气式轰炸机、歼击机第一次通过天安门上空，接受检阅。图 4-4 是待命飞向天安门上空接受检阅的歼-5 机群。

图 4-4　待命飞向天安门上空接受检阅的歼-5 机群

1. 波音 B777 机型特点有哪些?
2. 波音 B777 机型客舱布局是怎样的?

第二节 门/窗系统

波音 B777-200 是 B777 系列的基本型,其门系统(图 4-5)是进出飞机机舱的可开关组件的统称,主要包括旅客/机组登机/勤务门、货舱门以及内部固定门等。同时,其舱门警告系统可将各个舱门的状态反馈到驾驶舱。

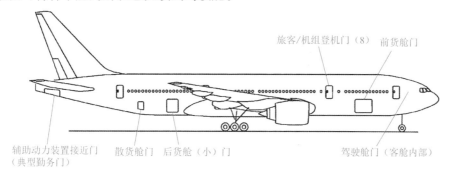

图 4-5 波音 B777-200 门系统

波音 B777-200 窗系统(图 4-6)主要包括驾驶舱窗户、客舱窗户、旅客/机组登机门窗户以及前设备中心窗户(摄像机)等。

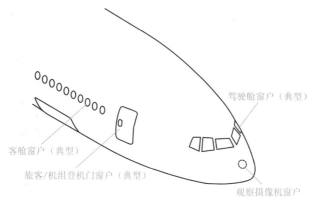

图 4-6 波音 B777-200 窗系统

一、旅客/机组登机门/勤务门

波音 B777-200 共有 8 个旅客/机组登机门/勤务门,客舱左右各 4 个(L1~L4 门,R1~R4 门),登机门位于飞机左侧,勤务门位于飞机右侧(图 4-7)。所有舱门操作方式相同,从飞机内部、外部都可以打开和关闭。此 8 个舱门同时也是应急出口,内侧下方均安装有

双通道滑梯/救生筏，可用于陆地撤离和水上撤离。所有舱门宽度为1.07m，高度为1.88m，L1和R1门的门槛高度（相对于地面）是4.71m，L2和R2门的门槛高度是4.88m，L3和R3门的门槛高度是5.14m，L4和R4门的门槛高度是5.28m。

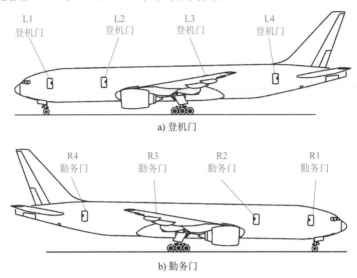

a) 登机门

b) 勤务门

图4-7　波音B777-200登机门、勤务门分布

1. 舱门控制

波音B777的舱门控制机构与波音B737类似，如图4-8所示。在打开舱门时，首先将控制手柄抬起至打开位使舱门开锁，舱门内部的机械传动装置使门锁机构从锁扣中脱出，同时抬升舱门。然后使用辅助手柄，将舱门推出门框直到完全打开位置，并由阵风锁锁定。在关闭舱门时，首先松开阵风锁，然后进行与开门相反的操作，锁闭舱门。

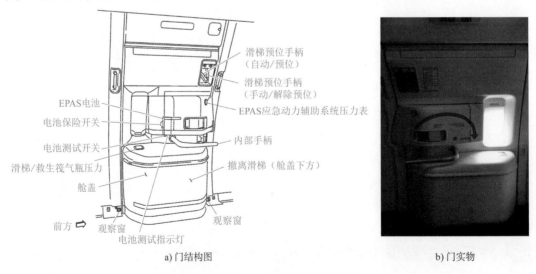

a) 门结构图

b) 门实物

图4-8　波音B777-200登机门结构（L1）

2. 舱门主要设施

波音B777舱门主要设施包括舱门方式选择面板（包含预位手柄），观察窗（可用于观

察飞机外部情况），EPAS（Emergency Power Assistant System）应急动力辅助系统，压力表（如果压力指针在绿区以外，系统不可用），阵风锁释放手柄（握住并向内拉以便于关门），舱门操作手柄（开门时沿箭头方向转动，关门时反方向转动），舱门滑梯包（贮有滑梯/救生筏），滑梯/救生筏气瓶压力表（如果压力指针在绿区以外，系统不可用），滑梯包舱盖释放手柄（移开舱盖可将滑梯取出），连接杆预位指示窗（出现黄色指示，表明滑梯/救生筏预位；出现黑色指示，表明滑梯/救生筏解除预位）。

3. 紧急撤离滑梯/救生筏及预位机构

应急撤离滑梯/救生筏安装于每个登机门下部的滑梯包内，通过舱门上的预位控制手柄进行预位（ARMED）和解除预位（DISARMED）操作（图 4-9）。

当操作人员收到解除预位的指令后，将舱门方式选择面板中的预位控制手柄旋转到"解除预位（DISARMED）"绿色位置，即完成解除预位操作。此时滑梯预位连接杆将从地面锁钩中分离，在此状态下可进行正常开启舱门的操作，应急撤离滑梯/救生筏不会充气。

图 4-9 波音 B777-200 舱门应急撤离滑梯/救生筏预位机构

当操作人员收到滑梯预位的指令后，舱门方式选择面板中的预位控制手柄旋转到"预位（ARMED）"红色位置，即完成应急滑梯/救生筏的预位操作。此时滑梯预位连接杆将与地面锁钩锁定，在此状态下可进行应急开启舱门的操作，应急撤离滑梯/救生筏将会充气展开。

波音 B777-200 舱门应急撤离滑梯/救生筏位置和结构如图 4-10 所示。

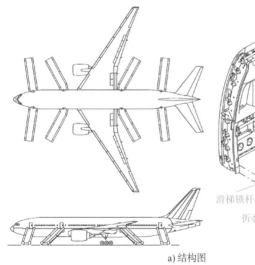
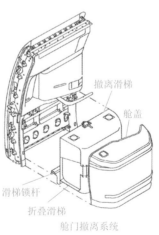

撤离滑梯

舱盖

滑梯锁杆

折叠滑梯

舱门撤离系统

a) 结构图

b) 实物图

图 4-10 波音 B777-200 舱门应急撤离滑梯/救生筏位置和结构示意图

（一）舱门内部操作

在飞机内部开、关舱门需要人工操作。开关舱门的具体操作步骤如下：

1. 打开舱门

在打开舱门之前，注意事项如下：

（1）确认舱门内侧底部的滑梯/救生筏解除预位。如果滑梯/救生筏在预位，当舱门打开时，滑梯将自动充气展开。

（2）确认舱门外侧区域无障碍物，否则当舱门打开摆出门框时，会造成舱门损坏。

确认完毕后，人工沿箭头方向旋转内部控制手柄，解锁并抬升舱门，当控制手柄达到极限位置后，舱门在垂直方向不再有任何移动空间，此时舱门完全抬起并解锁，如图 4-11 所示。

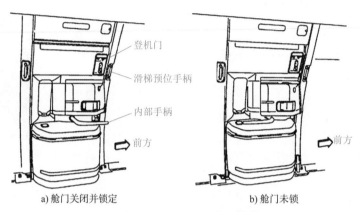

图 4-11　波音 B777-200 前登机舱门内部操作

使用舱门辅助手柄将舱门推出门框，并向前、向外推至全开位置，完成打开舱门操作。缓冲器和止动机构轻轻将舱门停止在完全打开位置，阵风锁上锁，锁定舱门在全开位。此时，舱门和飞机机身平行。

注意当舱门打开时，阵风可能会推动舱门，需要操作人员保持一只手握住门框内部辅助手柄，防止被拉出门框造成安全隐患。

2. 关闭舱门

首先按压支撑臂上的阵风锁解锁，拉动舱门摆回到舱门门框内（注意握住门框内部辅助手柄保持身体平衡）。然后拉动舱门上的辅助手柄，将舱门拉入门框，直至达到抬起位置。随后旋转控制手柄，使手柄回到最初位置，将舱门回落到门框内。

注意事项与波音 B737 一样，不再赘述。

（二）舱门外部操作

在飞机外部开、关舱门也需要人工操作。开关舱门的具体操作步骤如下：

1. 打开舱门

在打开舱门之前，需要确认舱门外侧区域无障碍物，否则当舱门打开摆出门框时，会造成舱门损坏。

确认完毕后，双手抓住外部操作手柄向外拉动，随后人工沿箭头方向旋转外部控制手柄，解锁并抬升舱门。当控制手柄达到极限位置后，舱门在垂直方向不再有任何移动空间，此时舱门解锁并完全抬起（图 4-12）。

继续拉动手柄将舱门拉出门框，直到推至全开位置，完成打开舱门的操作。缓冲器和止动机构轻轻将舱门停止在完全打开位置，阵风锁上锁，锁定舱门在全开位。此时，舱门和飞机机身平行。

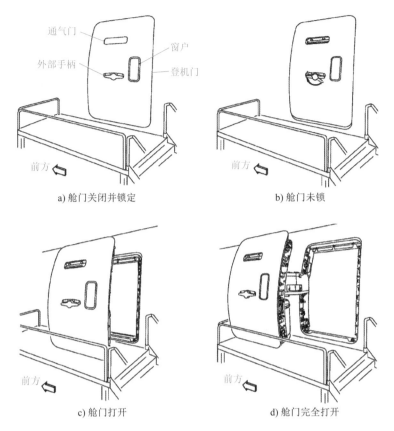

图 4-12　波音 B777-200 前登机舱门外部操作

2. 关闭舱门

在关闭舱门前，检查舱门和门框之间是否有夹杂物，否则可能会阻碍舱门的密封和锁定，并损坏零部件。

检查完毕后，首先按压阵风锁解锁，将舱门摆回到舱门门框内，直到达到抬起位置。随后将外部控制手柄旋转至锁闭位置，锁闭舱门。

注意事项同上文中"内部关闭舱门操作"。

二、舱门警告系统

舱门警告系统用于实时监控舱门状态，并将信息提供给机组或维修人员。舱门状态信息由安装在机组/旅客登机门/勤务门、前电子舱接近门、发动机主控制器接近门、前货舱门、后货舱门和散货舱门的传感器提供。在驾驶舱发动机指示和机组警告系统（EICAS）及舱门页面上，显出各舱门的当前状态，如图 4-13 所示。

客舱系统控制面板（CSCP）或客舱区域控制面板（CACP）的客舱舱门状态显示页面能够监控舱门是否关闭并锁定。按压 CSCP 客舱控制主菜单上的 CABIN DOOR STATUS 键可以调出舱门状态页面，如果页面上的舱门指示显示绿色，则代表该舱门已经锁定（LOCKED）；如果页面上的舱门指示显示红色，则代表该舱门未锁定（NOT LOCKED）。

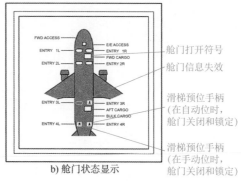

a) EICAS显示　　　　　　b) 舱门状态显示

图 4-13　波音 B777-200 驾驶舱 EICAS 和舱门页面上的状态指示

三、窗系统

波音 B777-200 窗系统主要有驾驶舱窗户、客舱窗户、旅客/机组登机门窗户、勤务门窗户和前设备中心（摄像机）窗户等。

（一）驾驶舱窗户

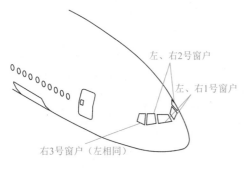

图 4-14　波音 B777-200 驾驶舱窗户

驾驶舱有 6 个窗户，左（L）右（R）各 3 个，左侧和右侧的 1 号窗户位于机长和副驾驶的前侧，2 号和 3 号窗户位于 1 号窗户的后边。靠近飞行员两侧的两个窗户是可滑动窗户，可打开用于通风或驾驶舱应急撤离，其余窗户为固定窗户（图 4-14）。

（二）客舱窗户

客舱窗户分为三层，沿着机身安装在客舱的两侧，如图 4-15 所示。

（三）登机门/勤务门窗户

每个登机门/勤务门均设有一个观察窗，用于观察机外情况，从而确定是否可以打开舱门，其窗户结构与客舱窗户类似（图 4-16）。

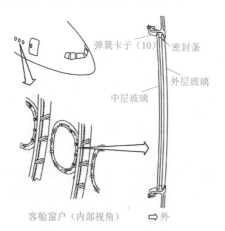

图 4-15　波音 B777-200 客舱窗户

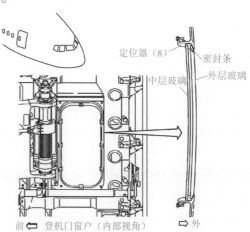

图 4-16　波音 B777-200 登机门窗户

📖 民 航 故 事 📖

平凡中的不平凡

2019 年 11 月 25 日，海航航空集团的云南祥鹏航空有限责任公司（简称"祥鹏航空"）8L9564 赣州至昆明航班，在飞机起飞 10min 后，一名女性旅客起立往后走，表示自己想上盥洗室。由于当时飞机尚未平飞，乘务员吴德丽便引导旅客在最后一排就座，提示她飞机平飞后方可使用。大约 10min 后，当乘务员刘娜前来提示旅客可以使用盥洗室时，发现这位旅客出现腹部疼痛不适的情况。刘娜随即为旅客倒了一杯热水并不断进行安抚，了解旅客的情况，随后将此事汇报乘务长孙宇婷，乘务长第一时间广播寻找医生。

由于当时机上寻求医生未果，旅客表示腹痛难耐急需救助，机组人员秉承生命至上的原则与公司协商，最终共同决定飞机备降桂林，并申请桂林机场急救和相关援助。飞机降落在桂林机场后，医务人员上机用轮椅将旅客抬下飞机，当时旅客脸色已经有些发白、唇色发紫。后经过救治，旅客最终转危为安。

这样平凡的故事，时常会在飞机上发生着，所谓"善战者无赫赫之功"，乘务员们每天都热情认真地做着看似平凡的工作，岁月流淌，早已经是一段不平凡的人生。

📖 思 考 题 📖

1. 波音 B777-200 舱门的组成部分有哪些？
2. 如何操作波音 B777-200 舱门的预位和解除预位？
3. 正常情况下从内部打开舱门的程序是什么？

第三节　厨房、盥洗室系统

一、厨房系统

波音 B777-200 厨房用于存放、准备食物和饮品等，典型的厨房设备包括烤箱、冰箱、咖啡机、水槽、储藏箱、废物箱和餐车等。同时，厨房还安装了不同数量和类型的勤务接头，包括电气接头、水系统接头、空调系统接头等，其中大部分接头安装在厨房上方。

该机型的厨房分为固定厨房（图 4-17）和活动厨房（图 4-18）。固定厨房无法移动，安装在飞机的指定位置。活动厨房与座椅导轨相连，在可用区域内可以任意安装或移动。

活动厨房又分为中央厨房和外侧厨房。中央厨房为方形，位于客舱中央；外侧厨房有弯曲的侧面，以贴合客舱的侧面。

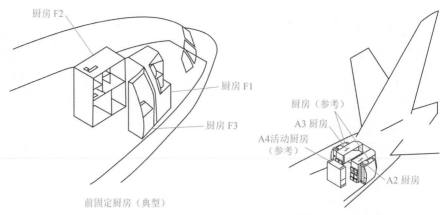

图 4-17　波音 B777-200 前/后固定厨房

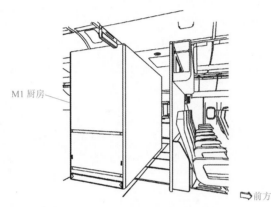

图 4-18　波音 B777-200 中央活动厨房（典型）

如图 4-19 所示，活动厨房中的中央厨房可以选择的安装位置为 F-5（前）、M-1（2号门）、M-2（2号门）、A-4（后）；活动厨房中的外侧厨房可以选择的安装位置为 MS-1、MS-2、MS-3、MS-4；前固定厨房可以选择的安装位置为 F-1（前）、F-2（前）、F-3（前）、F-4（前）；后固定厨房可以选择的安装位置为 A-1（后）、A-2（后）、A-3（后）。

厨房配电板上的黑色按钮为跳开关，当电路出现问题时，跳开关会自动跳开以切断电源。人工切断电源时，只需将跳开关黑色按钮拔出，按下则重新接通电源。

波音 B777 的厨房设备与波音 B737-800 类似，不再赘述。

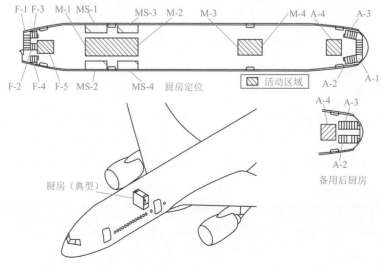

图 4-19　波音 B777-200 厨房的安装位置

二、盥洗室系统

波音 B777-200 盥洗室系统分为固定盥洗室和活动盥洗室。固定盥洗室无法移动,安装在飞机的指定位置。活动盥洗室与座椅导轨相连,在可用区域内可以任意安装或移动。活动盥洗室又分为中央盥洗室和外侧盥洗室。中央盥洗室为方形,位于客舱中央;外侧盥洗室有弯曲的侧面,以贴合客舱的侧面。

如图 4-20 所示,在 2 号门处中央活动盥洗室可以选择的安装位置为 2F-LC、2F-RC、2A-LC、2A-RC;在 3 号门处中央活动盥洗室可以选择的安装位置为 3F-LC、3F-RC、3A-LC、3A-RC;在 4 号门处中央活动盥洗室可以选择的安装位置为 4F-LC、4F-RC;在 2 号门处外侧活动盥洗室可以选择的安装位置为:2F-2L、2F-2R、2F-1L、2F-1R、2A-1L、2A-1R、2A-2L、2A-2R;在 3 号门处外侧活动盥洗室可以选择的安装位置为 3F-2L、3F-2R、3F-1L、3F-1R、3A-1L、3A-1R、3A-2L、3A-2R;在 1 号门处固定盥洗室可以选择的安装位置为 1F-1L、1F-1C、1F-2L、1A-L、1A-C、1A-R、1A-LC、1A-RC;在 4 号门处固定盥洗室可以选择的安装位置为 4F-L、4F-R、4A-L、4A-R。

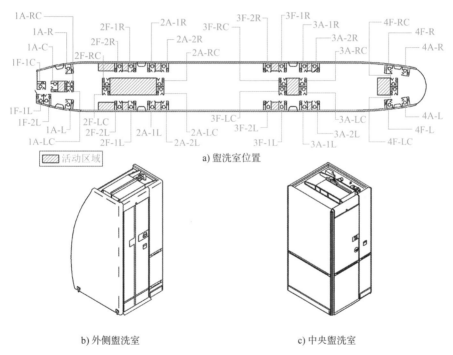

a) 盥洗室位置

b) 外侧盥洗室　　　　　c) 中央盥洗室

图 4-20　波音 B777-200 盥洗室的安装位置

波音 B777-200 盥洗室系统主要包括下列设备:呼叫灯/复位开关、折叠门或单板门、门保持打开装置(仅限折叠门)、门锁紧急释放、旅客服务组件(PSU)、镜子、剃须刀接口、皂液分配器、废纸箱挡板门、水槽、废纸箱隔间、水系统隔间、荧光灯、荧光灯超控开关、旅客信号牌、婴儿换洗台、乘务员呼叫开关、马桶及冲洗开关、马桶护罩组件、盥洗室区域通风口等。盥洗室上部安装有电源、空调等接头(图 4-21)。

波音 B777 的盥洗室设备与波音 B737 类似,不再赘述。

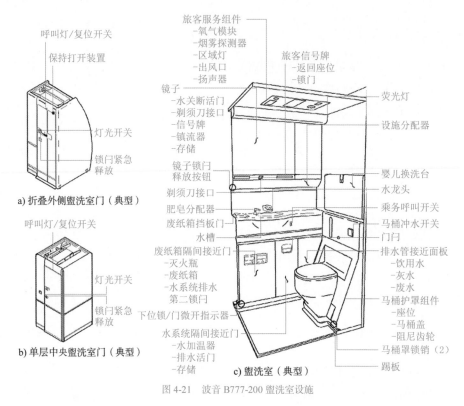

呼叫灯/复位开关
保持打开装置

灯光开关

锁闩紧急
释放

a) 折叠外侧盥洗室门（典型）

呼叫灯/复位开关

灯光开关

锁闩紧急
释放

b) 单层中央盥洗室门（典型）

旅客服务组件
-氧气模块
-烟雾探测器
-区域灯
-出风口
-扬声器

镜子
-水关断活门
-剃须刀接口
-信号牌
-镇流器
-存储

镜子锁闩
释放按钮

剃须刀接口

肥皂分配器

废纸箱挡板门

水槽

废纸箱隔间接近门
-灭火瓶
-废纸箱
-水系统排水
第二锁闩

下位锁/门微开指示器

水系统隔间接近门
-水加温器
-排水活门
-存储

旅客信号牌
-返回座位
-锁门

荧光灯

设施分配器

婴儿换洗台
水龙头
乘务呼叫开关
马桶冲水开关
门闩

排水管接近面板
-饮用水
-灰水
-废水

马桶护罩组件
-座位
-马桶盖
-阻尼齿轮

马桶罩锁销（2）
踢板

c) 盥洗室（典型）

图 4-21　波音 B777-200 盥洗室设施

🕮　思　考　题　🕮

1. 波音 B777-200 厨房主要有哪些安装位置？
2. 波音 B777-200 盥洗室主要有哪些设备？

第四节　客舱通信系统

波音 B777-200 客舱通信系统由旅客广播系统、旅客服务系统、客舱内话系统、乘务员控制面板等子系统组成。

一、旅客广播系统

旅客广播系统（PAS）用于保证机组可以发送通告及其他音频到客舱，主要包括：机组通告、预录广播、视频系统的音频、登机音乐等。另外，PAS 还可发出蜂鸣音，其组件主要包括：旅客广播/客舱内话(PA/CI)控制器、预录通告机(PRAM)、环境噪声传感器(ANS)、扬声器驱动模块（SDM）、区域管理组件（ZMU）、客舱乘务员手提内话机（CAH）、客舱扬声器等（图 4-22）。

旅客广播系统的优先权设置为：

（1）第 1 优先权：驾驶舱内话系统。

（2）第 2A 优先权：直接播报（客舱内话系统故障时）。

（3）第 2B 优先权：客舱内话系统。

（4）第 3A 优先权：预录通告。

（5）第 3B 优先权：视频系统的音频。

（6）第 4 优先权：登机音乐。

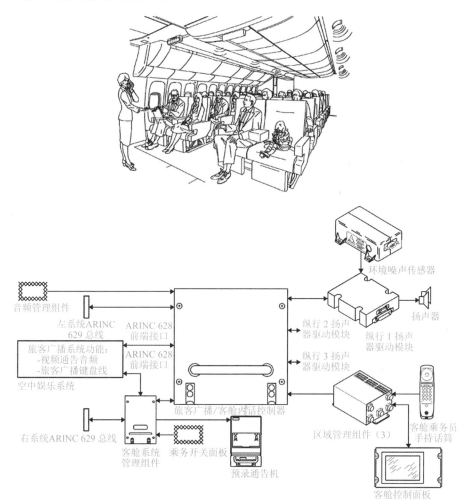

图 4-22 波音 B777-200 旅客广播系统

1. 客舱广播

客舱内话系统（CIS）可进行旅客广播（2B 优先权），使用任何一个乘务员手提内话机（图 4-23）均可以进行通告广播。通过拨打手提内话机上的编码，客舱内话系统可以选择需要广播的区域，其中不同编码代表的区域如下：

（1）区域 1-41。

（2）区域 2-42。

（3）区域 3-43。

（4）区域 4-44。

（5）区域 5-45。

（6）区域 6-46。

（7）所有区域-40。

（8）优先所有区域-47。

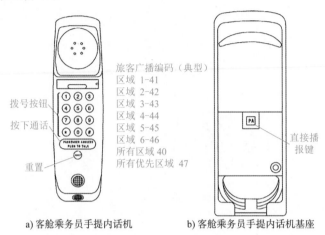

旅客广播编码（典型）
区域 1-41
区域 2-42
区域 3-43
区域 4-44
区域 5-45
区域 6-46
所有区域 40
所有优先区域 47

拨号按钮
按下通话
重置

直接播报键

a) 客舱乘务员手提内话机　　　　b) 客舱乘务员手提内话机基座

图 4-23　波音 B777-200 客舱广播手提内话机

当需要广播客舱通告时，先拨打区域的编码，然后按压 PTT（PUSH TO TALK）即可实现。当需要结束通告时，可以按压 RESET 按键，或是将手提内话机放回基座。另外，直接播报可以按压手提内话机后边的 PA 键来实现。

2. 登机音乐选择

客舱系统控制面板（CSCP）可选择登机音乐（4 优先权），即 CSCP 客舱控制主菜单的 BOARDING MUSIC 键可以调出登机音乐选择页面（图 4-24）。该页面提供三种控制功能：

（1）登机音乐开启/关闭：ON/OFF 键。

（2）频道选择：1、2、3、4 键可选择 4 个频道。

（3）音量：左侧箭头降低音量，右侧箭头增大音量。

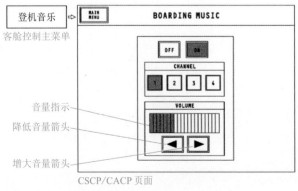

登机音乐
客舱控制主菜单

音量指示
降低音量箭头
增大音量箭头
CSCP/CACP 页面

图 4-24　波音 B777-200 登机音乐选择页面

3. 旅客广播控制页面

旅客广播控制页面（图 4-25）可以调节 PA 音量，CSCP 客舱控制主菜单的 PASSENGER

ADDRESS 键可以调出旅客广播页面。区域选择箭头可以选择广播区域，STEPS ABOVE MINIMUM 键可以选择基于最低标准音量的增加范围（0 到 16），左右箭头可控制音量增减。

4. 扬声器

扬声器用于传输旅客广播的音频，多数安装在旅客座椅上方的 PSU 中，同时也安装在厨房、舱门以及盥洗室上方（图 4-26）。

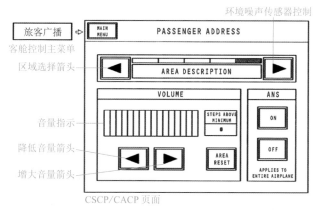

图 4-25　波音 B777-200 旅客广播控制页面　　　图 4-26　波音 B777-200 客舱扬声器

二、旅客服务系统

波音 B777-200 旅客服务系统（图 4-27）主要包括以下功能：

（1）旅客在客舱可以呼叫乘务员。

（2）旅客可以控制头顶阅读灯。

（3）提供给旅客客舱信号牌的指示。

（4）旅客可以调整空调风力大小。

（5）乘务员可以关闭旅客呼叫乘务员的呼叫铃声。

（6）乘务员可以控制"请勿吸烟"的区域。

（7）乘务员可以控制旅客阅读灯。

a)

图　4-27

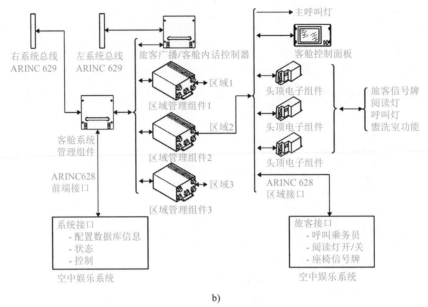

b)

图 4-27　波音 B777-200 旅客服务系统

1. 旅客服务组件（PSU）

波音 B777-200 旅客服务组件（图 4-28）包括：一排座位的呼叫灯、阅读灯、旅客信号牌、空调出风口、氧气组件。

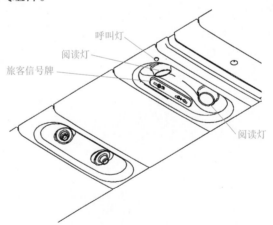

图 4-28　波音 B777-200 旅客服务组件

旅客信号牌（图 4-29）可以提供给旅客以下信息：

（1）请勿吸烟。

（2）盥洗室已占用。

（3）系紧安全带。

图 4-29　波音 B777-200 旅客信号牌

2. 盥洗室服务系统

盥洗室服务系统（图 4-30）可以通过以下组件收发信号：

（1）盥洗室呼叫开关（带呼叫灯）/复位开关：用于旅客在盥洗室内呼叫乘务员。当按下盥洗室呼叫开关时，呼叫开关上的灯点亮，同时盥洗室门外的呼叫灯点亮、在乘务员座位附近的盥洗室主呼叫灯点亮、触发旅客广播系统的警铃。乘务员通过按压盥洗室内呼叫开关或盥洗室门外的呼叫灯，可以取消呼叫信号。

（2）返回座位标志：当系紧安全带灯点亮且客舱压力正常时，返回座位标志点亮。

（3）锁门标志：当盥洗室门未锁时，锁门标志点亮。

（4）盥洗室门闩：控制盥洗室占用灯点亮，锁门标志灯熄灭。

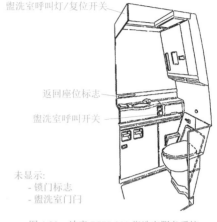

图 4-30　波音 B777-200 盥洗室服务系统

三、客舱内话系统

客舱内话系统（CIS）用于乘务员之间或乘务员与飞行员之间的通话，通过手提内话机拨码实现通话功能（图 4-31）。

```
DOORS - LEFT                    PASSENGER ADDRESS CODES

    DOOR 1 LEFT - 11                PA AREA 1 -          41
    DOOR 2 LEFT - 12                PA AREA 2 -          42
    DOOR 3 LEFT - 13                PA AREA 3 -          43
    DOOR 4 LEFT - 14                PA AREA 4 -          44
                                    PA AREA 5 -          45
DOORS - RIGHT                       PA AREA 6 -          46
                                    PA ALL AREA -        40
    DOOR 1 RIGHT - 21               PA PRIORITY ALL AREA - 47
    DOOR 2 RIGHT - 22
    DOOR 3 RIGHT - 23           PILOT CALLS
    DOOR 4 RIGHT - 24
                                    FLIGHT DECK - 31
                                    PILOT ALERT - **
CONFERENCE CALLS                    CABIN READY - 6*

    CONFERENCE CALL 1 -   71    OTHER CALLS
    CONFERENCE CALL 2 -   72
    CONFERENCE CALL 3 -   73        GROUND CREW - *1
    CONFERENCE CALL 4 -   74
    CONFERENCE CALL 5 -   75    LANDLINE CALLS
    ATTENDANT ALL CALL - 54
    ALL CALL -           55         LANDLINE - *9
```

图 4-31　波音 B777-200 客舱内话系统编码

1. 手提内话机

机组人员使用客舱乘务员手提内话机（CAH）和飞行员手提内话机（FDH）实现相互通话或播报通告。

乘务员手提内话机（与飞行员手提内话机结构相同）安装在舱门附近的乘务员座椅上，由耳机、麦克风、标准 12 位键盘、复位开关等部件组成。话筒上的 PTT 键用于旅客广播系统，在话筒背面印有所有内话系统编码，所有呼叫都需要两位数的编码，按顺序按下两个数字即可（图 4-32）。

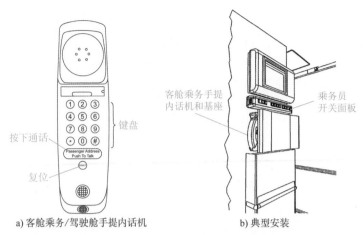

a) 客舱乘务/驾驶舱手提内话机　　　　b) 典型安装

图 4-32　波音 B777-200 手提内话机及安装位置

乘务员开关面板（ASP）位于 2 号门左侧，设有客舱内话正常/备用开关。

当使用客舱内话呼叫时，先从内话机基座上取下话筒，听到拨号音后拨所需区域的两位数字代码，对方位置的电话会一直响，直到话筒被拿起为止。如果对方占线，则可听到正常的占线音。如果拨打了一个不存在的号码，则会听到一个急速的占线音。当乘务员座椅处接到电话时，旅客广播系统会听到高/低谐音提示音，粉红色机组内话呼叫显示灯亮。完成呼叫以后，通过按下"复位"键或者将话筒挂回内话机基座上可以复位系统。

2. 乘务员主呼叫灯

参考下一节的客舱灯光系统介绍。

四、乘务员控制面板

波音 B777-200 共有 8 个乘务员控制面板，分别位于 L1、L2、L3、L4 门，R1、R2、R3、R4 门。其中，客舱系统控制面板 CSCP（Cabin System Control Panel）或者客舱区域控制面板 CACP（Cabin Area Control Pane）可进行客舱系统控制。每架飞机配备有一个 CSCP 和两个 CACP，两种控制面板为触摸屏式，屏幕宽度大约有 1.2 英尺（36.6cm）。

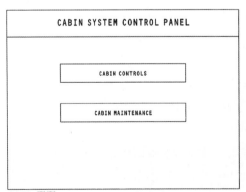

CSCP 页面

图 4-33　波音 B777-200 客舱系统控制面板（CSCP）

1. 客舱系统控制面板

客舱系统控制面板（CSCP）位于 L2 门乘务员座椅处，具有客舱控制和客舱维护两种功能（图 4-33）。按"客舱控制（CABIN CONTROLS）"键可以进入客舱控制主菜单。"客舱维护（CABIN MAINTENANCE）"主要由维护人员使用，用来测试客舱服务系统（CSS）并且安装软件。当 CSS 供电后，在 CSCP 上出现客舱系统控制面板菜单。

2. 客舱区域控制面板

客舱区域控制板（CACP）位于 L1 门和 R4 门乘务员座椅处，主要用于监控功能。

3. 客舱控制主菜单

当 CSS 通电后，客舱控制主菜单在 CSCP 上自动显示，再选择次级菜单即可控制和监控各客舱系统（图 4-34）。当按压客舱控制主菜单右上角的超控开关（PANEL OVERRIDE）时，可使 CSCP 控制客舱的任意区域。

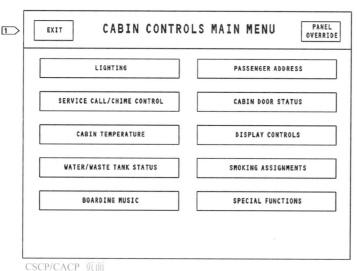

CSCP/CACP 页面

图 4-34 波音 B777-200 客舱控制主菜单

按压 CSCP 上的"客舱控制（CABIN CONTROLS）"键可以调出客舱控制主菜单，包括：

（1）LIGHTING（灯光）：控制客舱灯、入口灯以及阅读灯。

（2）SERVICE CALL/CHIME CONTRO（服务呼叫/铃声控制）：提供旅客呼叫信息，同时可使乘务员关断铃声。

（3）CABIN TEMPERATURE（客舱温度）：控制客舱温度。

（4）WATER/WASTE TANK STATUS（饮用水/污水箱状态）：监控饮用水箱和污水箱状况。

（5）BOARDING MUSIC（登机音乐）：控制登机音乐。

（6）PANEL OVERRIDE（超控键）：位于 CSCP 和 CACP 的右上角，只有在客舱控制主菜单下才可以生效。按压此键使其闪动绿色，CSCP 和 CACP 即可控制客舱所有区域。需要复位超控状态时，按压此键使其闪动熄灭，CSCP 和 CACP 回到初始状态。

（7）PASSENGER ADDRESS（旅客广播）：控制旅客广播系统音量。

（8）CABIN DOOR STATUS（舱门状态）：监控舱门锁定或未锁定信息。

（9）DISPLAY CONTROLS（屏幕控制）：控制屏幕明暗度以及屏幕定位。

（10）SMOKING ASSIGNMENTS(吸烟区域分配)：飞机全程禁止吸烟,该功能已停用。

（11）EXIT：退出。

（一）LIGHTING（灯光）页面

客舱控制主菜单上的"LIGHTING"键可以调出灯光页面，包括客舱灯光、入口灯光和阅读灯光 3 个子页面（图 4-35）。

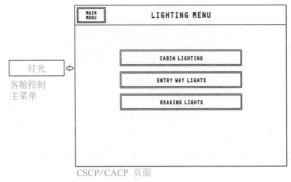

图 4-35　波音 B777-200 LIGHTING（灯光）页面

1. 客舱灯光页面

客舱灯光页面用于控制客舱区域的灯光，LIGHTING 页面的 "CABIN LIGHTING" 键可以调出该页面（图 4-36）。在客舱灯光页面上通过左/右箭头选择需要控制的客舱区域，最下一排的指示键用于将客舱灯光控制到相应光级（NIGHT：夜间；LOW：低；MEDIUM：中；HIGH：高）。

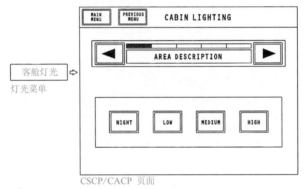

图 4-36　波音 B777-200 客舱灯光页面

2. 入口灯光页面

入口灯光页面用于控制入口区域的灯光，LIGHTING 页面的 "ENTRY WAY LIGHTS" 键可以调出该页面（图 4-37）。在入口灯光页面上通过左/右箭头选择需要控制的入口区域，最下一排的 "ON/OFF" 键可以控制入口灯光的开启和关闭。

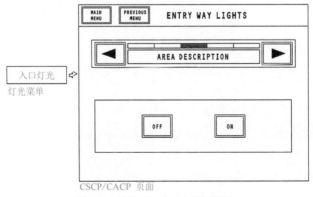

图 4-37　波音 B777-200 入口灯光页面

3.阅读灯光页面

阅读灯光页面用于控制旅客阅读灯，LIGHTING 页面的"READING LIGHTS"键可以调出该页面（图 4-38）。在阅读灯光页面上通过左/右箭头选择需要控制的阅读灯区域，最下一排的"ON/OFF"键可以控制阅读灯的开启和关闭，"NORMAL"键将控制权赋予客舱旅客服务组件（PSU）。

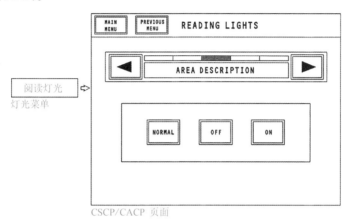

图 4-38　波音 B777-200 阅读灯光页面

（二）SERVICE CALL/CHIME CONTROL（勤务呼叫/铃声控制）页面

该页面用于选择不同区域的旅客呼叫页面，也可以控制呼叫铃声（图 4-39）。客舱控制主菜单上的"SERVICE CALL/CHIME CONTROL"键可以调出该页面，包括服务呼叫、区域铃声控制和座位铃声控制 3 个子页面。

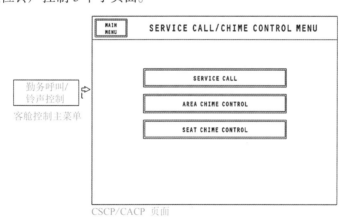

图 4-39　波音 B777-200 SERVICE CALL/CHIME CONTROL（勤务呼叫/铃声控制）页面

1.勤务呼叫页面

该页面用于查看正常工作的旅客呼叫和盥洗室呼叫，SERVICE CALL/CHIME CONTROL 页面的"SERVICE CALL"键可以调出该页面（图 4-40）。在服务呼叫页面上通过左/右箭头选择需要控制的客舱呼叫区域，同时正常工作的旅客呼叫（ACTIVE SEAT CALLS）和盥洗室呼叫（ACTIVE LAVATORY CALLS）会在页面上显示，通过上/下箭头可以查询。右下角的 AREA RESET 键可以取消所选客舱区域的所有呼叫。

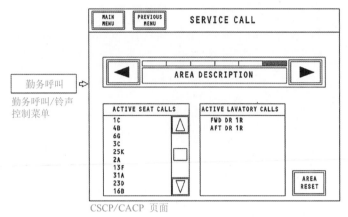

CSCP/CACP 页面

图 4-40 波音 B777-200 勤务呼叫页面

2. 区域铃声控制页面

该页面用于使客舱指定区域的旅客-乘务员的呼叫铃声失效，SERVICE CALL/CHIME CONTROL 页面的"AREA CHIME CONTROL"键可以调出该页面（图 4-41）。在区域铃声控制页面上通过左/右箭头选择需要控制的客舱区域，下排的"ENABLE CHIME"和"DISABLE CHIME"键可以控制呼叫铃声是否失效。

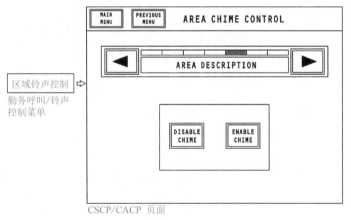

CSCP/CACP 页面

图 4-41 波音 B777-200 区域铃声控制页面

3. 座位铃声控制页面

该页面用于使客舱指定位置的旅客/乘务员的呼叫铃声失效，SERVICE CALL/CHIME CONTROL 页面的"SEAT CHIME CONTROL"键可以调出该页面（图 4-42）。座椅的数字及字母用于选择需要控制的指定座椅（ROW SELECT：排数选择；SEAT SELECT：座椅选择），最下一排的"ENABLE CHIME"和"DISABLE CHIME"键可以控制呼叫铃声是否失效。另外，铃声失效窗口（CHIMES DISABLED）显示已经失效的座椅位置。

（三）CABIN TEMPERATURE（客舱温度）页面

该页面用于设定客舱区域的温度，客舱控制主菜单上的"CABIN TEMPERATURE"键可以调出客舱温度页面（图 4-43）。在该页面上通过左/右箭头选择需要控制温度的客舱区域，该区域的当前温度（ACTUAL）由左下角显示（摄氏度和华氏度）。右下角上/下箭头可以设置目标温度（TARGET）。另外，"AREA RESET"键可以重置默认温度。

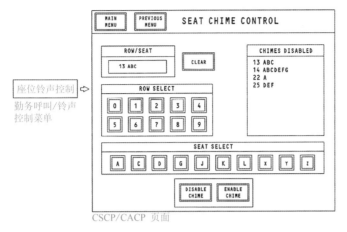

图 4-42 波音 B777-200 座位铃声控制页面

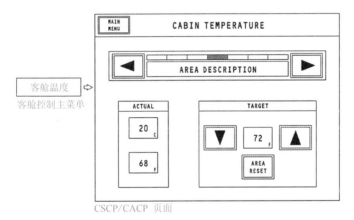

图 4-43 波音 B777-200 CABIN TEMPERATURE（客舱温度）页面

（四）WATER/WASTE TANK STATUS（饮用水/污水箱状态）页面

客舱控制主菜单上的"WATER/WASTE TANK STATUS"键可以调出饮用水/污水箱状态页面，包括盥洗室/污水箱状态、盥洗室工作状况控制和饮用水状态 3 个子页面（图 4-44）。

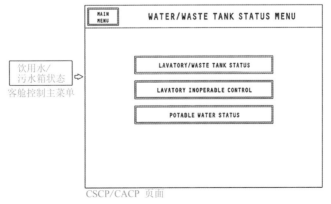

图 4-44 波音 B777-200 WATER/WASTE TANK STATUS（饮用水/污水箱状态）页面

1. 盥洗室/污水箱状态页面

该页面用于监控盥洗室/污水箱的状态,包括不同位置的盥洗室是否可用(OCCUPIED:有人;VACANT:无人;INOP:不可用)以及该盥洗室当前污水箱的液面水平(从 E 到 F 分为 8 个区段),绿色表示 1/4 水箱已满,琥珀色表示 1/4～3/4 水箱已满,红色表示 3/4 到全部水箱已满。WATER/WASTE TANK STATUS 页面的"LAVATORY/WASTE TANK STATUS"键可以调出该页面(图 4-45)。

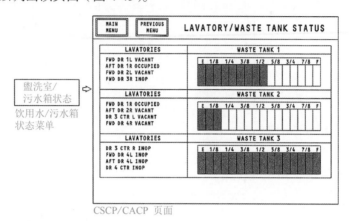

图 4-45 波音 B777-200 盥洗室/污水箱状态页面

2. 盥洗室工作状况控制页面

该页面用于控制和显示盥洗室位置、工作状态及其相应污水箱状态,WATER/WASTE TANK STATUS 页面的"LAVATORY INOPERABLE CONTROL"键可以调出该页面(图4-46)。"OP(可用)"和"INOP(不可用)"键能够确认各盥洗室的使用状态。

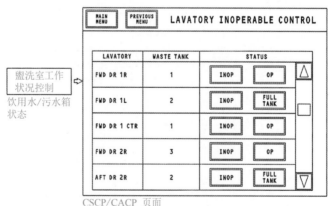

图 4-46 波音 B777-200 盥洗室工作状况控制页面

3. 饮用水状态页面

该页面用于监控饮用水箱的状态,包括当前饮用水箱的水量(LITERS REMAINING)以及起飞要求的水量(LITERS REQUIRED FOR TAKEOFF),绿色表示水量在 1/2 以上,琥珀色表示 1/4～1/2 之间,红色表示少于 1/4(图 4-47)。WATER/WASTE TANK STATUS 页面的"POTABLE WATER STATUS"键可以调出该页面。波音 B777 大约能装载 825L 饮用水，在页面中每一个小格大约代表 51.5L。

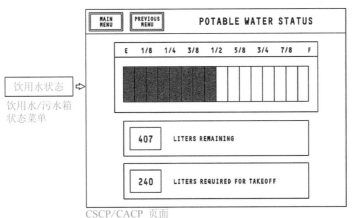

饮用水状态

饮用水/污水箱
状态菜单

CSCP/CACP 页面

图 4-47　波音 B777-200 饮用水状态页面

（五）BOARDING MUSIC（登机音乐）页面

参见前述"旅客广播系统"章节。

（六）PASSENGER ADDRESS（旅客广播）页面

参见前述"旅客广播系统"章节。

（七）CABIN DOOR STATUS（舱门状态）页面

此页面用于监控是否有舱门处于未锁定（NOT LOCKED）状态，客舱控制主菜单上的"CABIN DOOR STATUS"键可以调出舱门状态页面（图 4-48）。

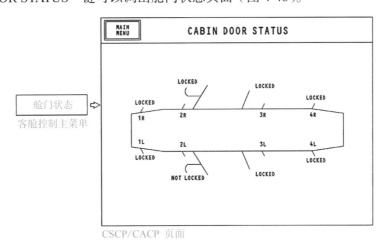

舱门状态

客舱控制主菜单

CSCP/CACP 页面

图 4-48　波音 B777-200 CABIN DOOR STATUS（舱门状态）页面

（八）DISPLAY CONTROLS（屏幕控制）页面

此页面用于调节屏幕亮度以及清除屏幕信息，客舱控制主菜单上的"DISPLAY CONTROLS"键可以调出屏幕控制页面（图 4-49）。按"DIM/BRT"键可使屏幕暗亮/明亮。另外，通过面板锁定键（PANEL LOCKOUT）可以锁定屏幕，在 30s 内禁止页面上的任何操作。

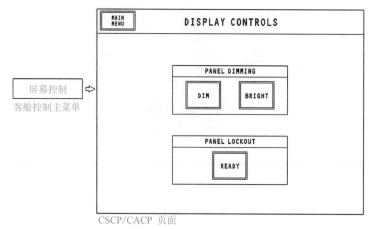

图 4-49　波音 B777-200 DISPLAY CONTROLS（屏幕控制）页面

📖 民 航 故 事 📖

蓝天骄子——方槐

方槐，江西省于都县银坑镇银坑村桐子窝人。1931 年加入中国共产主义青年团，次年参加中国工农红军，1933 年转入中国共产党。1934 年 10 月随中央红军长征。

抗日战争开始后，新疆军阀盛世才在全国抗日民主运动的影响下，一度成为共产党抗日民族统一战线的同盟者。他在苏联的援助下，开办了一个新疆边防航空队附设的航空教育班。

1937 年 12 月，红军准备组建自己的航空队。已在十五军团任青年部长的方槐有幸被选中。

就这样，他和另外 42 名战友一道，奔赴设在新疆的抗日航空教育班学习。方槐文化水平不高，但他努力学习，克服困难，笨鸟先飞，一天仅休息几个小时。1938 年 4 月 8 日，是方槐终生难忘的一天。这一天，包括方槐在内的 25 名战士，第一次飞上了蓝天。经过认真向教官学习，反复揣摩，严格训练，5 年后，方槐学会了四种不同机型飞机的驾驶，苏联教官跷起大拇指夸他"哈拉索"。

1942 年，由于形势变化，盛世才背信弃义投靠了蒋介石，露出了杀人魔王的反动本质，包括航空队在内的 140 多名中国共产党党员被他囚禁，多名同志惨遭杀害。其余同志，经党中央多方营救，于 1946 年回到延安。其中参加航空教育班学习的学员有 31 人回到了延安。

经过短期整训，方槐受命前往东北，参加创办我军第一所航校——东北民主联军航空学校的工作。他先后任航校训练处协理员、第四飞行大队长、航校驻沈阳办事处主任等职。

1949 年 3 月 30 日，中央军委航空局成立，方槐任作战教育处长。1949 年 9 月，党中央决定让初创的人民空军参加开国大典阅兵仪式。当方槐和他的战友从阅兵总指挥聂荣臻那里接受这一光荣的任务后，立即在北京南苑机场讨论受阅方案，从飞行员的选择、机型的组编及应变可能发生的突发事件等方面，都做了认真细致的研究，并制定出了详尽的受阅飞行演习计划。

1949 年 10 月 1 日下午 4 时许，方槐、刘善本、邢海帆各率一个飞行梯队，由南苑机场起飞，从东往西朝天安门广场上空飞去，接受党和人民的检阅。当飞临天安门广场上空时，为表达全体空军指战员的心愿，方槐梯队三架飞机统一动作，三次推动机头，向党和国家领导人及首都人民致敬，创造了历史性的时刻。这次接受检阅的过程也被誉为"新中国第一飞"，被广为流传。

1951 年，方槐任中国民航大学（当时为军委民航局第二民用航空学校）第一任校长。

1955 年，方槐被授予少将军衔。

图 4-50 为方槐照片。

图 4-50　蓝天骄子——方槐

思 考 题

1. 波音 B777-200 客舱通信系统包括哪些子系统？

2. 旅客广播系统的优先顺序是什么？

3. 乘务员控制面板都有哪些子菜单？它们分别有哪些作用？

第五节　客舱灯光系统

波音 B777-200 客舱灯光系统包括客舱照明灯、客舱登机灯、旅客阅读灯、旅客信号牌、盥洗室呼叫灯光和主呼叫灯光组件、盥洗室灯和信号牌、厨房灯和旅客呼叫灯等，由客舱系统控制面板（CSCP）和客舱区域控制面板（CACP）的客舱灯光页面控制及测试。

一　客舱照明灯

客舱照明灯包括天花板灯、夜间灯和侧壁灯。天花板灯和夜间灯位于行李舱上侧，用于提供客舱照明（图 4-51）；侧壁灯位于旅客服务组件（PSU）和侧壁板之间，用于提供行李舱下方的照明。

图 4-51　波音 B777 客舱照明灯

二、客舱登机灯

客舱登机灯包括嵌入式天花板灯、备用灯光、入口灯、乘务员工作灯、衣帽间灯、乘务员开关面板等，用于提供旅客入口区域、乘务员工作区域、交叉过道和衣帽间区域的照明（图 4-52）。嵌入式天花板灯位于天花板，分为荧光灯和白炽灯，用于客舱过道照明；入口灯位于登机门上方，用于飞机入口区域照明；乘务员工作灯位于乘务员座位上方，用于乘务员工作区域照明，由同样位于乘务员座位附近的乘务员开关面板控制；衣帽间灯用于衣帽间区域照明，由位于衣帽间的开关控制。

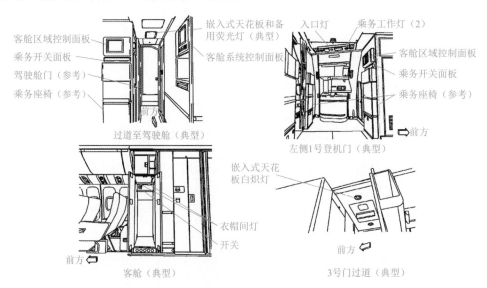

图 4-52　波音 B777 客舱登机灯

乘务员开关面板（ASP）位于乘务座椅附近，用于应急疏散系统、乘务员工作灯、旅客广播系统、客舱内话系统、应急灯等系统及部件的控制和指示（指示灯为 LED 灯），警铃位于 ASP 面板末端（图 4-53）。

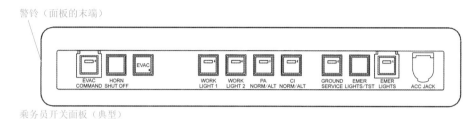

警铃（面板的末端）

乘务员开关面板（典型）

图 4-53　波音 B777 乘务员开关面板

ASP 按键说明如下：

（1）EVAC COMMAND：应急撤离指令。

（2）HORN SHUT OFF：警铃关断。

（3）EVAC：应急撤离。

（4）WORK LIGHT 1：工作灯 1。

（5）WORK LIGHT 2：工作灯 2。

（6）PA VORM/ALT：旅客广播。

（7）CI NORM/ALT：客舱内话。

（8）GROUND SERVICE：地面勤务。

（9）EMER LIGHTS/TST：应急灯/测试。

（10）EMER LIGHTS：应急灯。

三、旅客阅读灯

旅客阅读灯位于旅客座位上方的 PSU 内，用于旅客提供照明，如图 4-54 所示。旅客可通过安装在座椅扶手的控制面板来控制。

旅客控制组件（PCU）按键说明如下：

（1）左上方灯形标志：阅读灯开关。

（2）MODE：音频/视频模式选择。

（3）数码管（两位数）：频道数字显示。

（4）CHANNEL：频道选择（包括上下调节箭头）。

（5）VOLNME：音量调节（包括上下调节箭头）。

（6）底部人形标志：呼叫乘务员/呼叫乘务员复位。

四、旅客呼叫灯

旅客呼叫灯用于保证旅客能够及时呼叫乘务员。在每个旅客座椅的旅客控制组件（PCU）上均有乘务呼叫开关和乘务呼叫重置开关，两个旅客呼叫灯在每个旅客服务组件（PSU）上（图 4-54）。当按压乘务呼叫开关时，旅客呼叫灯亮。

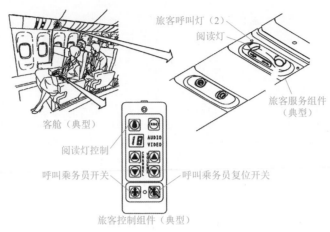

图 4-54　波音 B777 旅客呼叫灯

五、旅客信号牌

　　旅客信号牌用于向旅客和乘务员提供："请勿吸烟"（香烟标志）、"系好安全带"（扣安全带标志）、"返回座位"（RUTURN TO SEAT）等信号指示。"返回座位"信号位于盥洗室，其他信号（例如：盥洗室有人/无人信号 LAVATORY OCCUPIED）位于 PSU 及乘务员座椅附近的舱门上方（图 4-55）。在驾驶舱 P5 顶板设有旅客信号牌的模式选择控制开关，分为：打开（ON）、关断（OFF）、自动（AUTO）三个挡位。

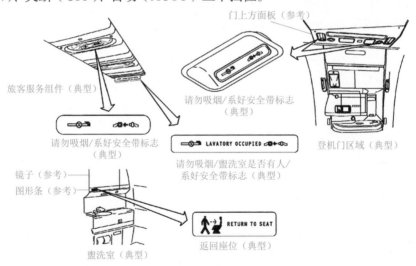

图 4-55　波音 B777 旅客信号牌

六、盥洗室呼叫灯和主呼叫灯光组件

　　盥洗室设有盥洗室呼叫开关，以及位于盥洗室外壁板上的盥洗室呼叫重置开关。当旅客在盥洗室中需要援助时，可以按压盥洗室呼叫开关，此时盥洗室呼叫开关和盥洗室呼叫重置开关上的琥珀色灯均点亮，并通过点亮 EXIT 信号牌上的主呼叫灯光组件上的琥珀色灯通知乘务员（图 4-56）。

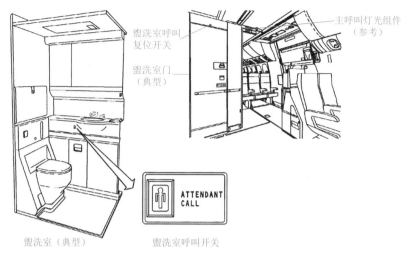

盥洗室呼叫
复位开关

主呼叫灯光组件
（参考）

盥洗室门
（典型）

盥洗室（典型）　　　　盥洗室呼叫开关

图 4-56　波音 B777 盥洗室呼叫灯和主呼叫灯光组件

主呼叫灯光组件（图 4-57）有四种灯光状态，功能如下：

（1）蓝色灯点亮：旅客按下其座椅上的旅客呼叫开关。

（2）琥珀色灯点亮：在盥洗室按下盥洗室呼叫开关。

（3）粉色灯点亮：客舱内话机组呼叫某个区域的乘务员。

（4）所有灯均不点亮时，呈现不透明状态。

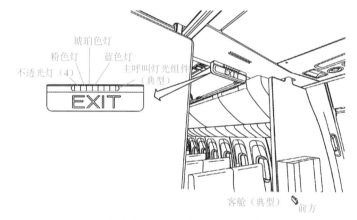

琥珀色灯

粉色灯　　蓝色灯

不透光灯（4）　　主呼叫灯光组件
（典型）

客舱（典型）　　前方

图 4-57　波音 B777 主呼叫灯光组件

七、盥洗室灯和信号牌

　　盥洗室灯用于提供盥洗室区域照明，包括位于盥洗室天花板和侧壁板的盥洗室灯、镜子上方的镜灯、PSU 上的顶灯等（图 4-58）。

　　盥洗室信号牌位于旅客座椅上方的 PSU 以及驾驶舱中，当盥洗室有人在使用并且盥洗室门被锁上时，盥洗室信号牌点亮，显示"有人"，如图 4-59 所示。

八、厨房灯

　　厨房灯用于提供厨房照明，包括位于厨房天花板的主厨房灯（配有备用灯光）和辅助

厨房灯（图 4-60）。厨房灯电源控制开关有三个位置：关断（OFF）、暗亮（ON）、明亮（Bright），用于控制主厨房灯的亮/暗切换。辅助厨房灯由乘务员开关面板控制。

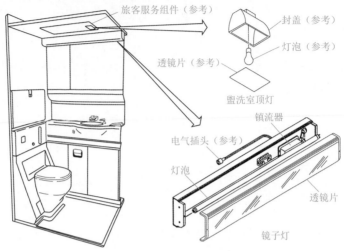

图 4-58　波音 B777 盥洗室灯光

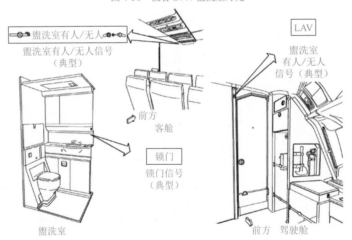

图 4-59　波音 B777 盥洗室信号牌

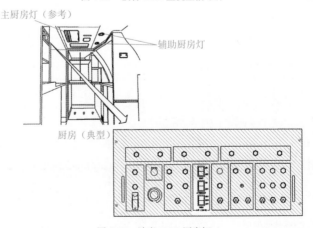

图 4-60　波音 B777 厨房灯

📖 民 航 小 知 识 📖

飞机驾驶舱信号指示灯的不同颜色代表什么意思?

波音 B777 驾驶舱仪表如图 4-61 所示。驾驶舱信号指示灯包括红色的主警告灯，琥珀色的主警戒灯以及与各个系统工作状态相关的指示灯，红色灯代表需要立即处理的特情，琥珀色灯代表有特情但无须立即处理，蓝色灯代表临时系统的正常操作，绿色灯代表备用系统的正常操作，白色灯代表电门处于非正常位置或是维护状态。通过灯光的颜色可以判断出飞机系统当前的工作状态。当系统出现故障时，根据故障等级主警告灯或者主警戒灯点亮，给机组或维修人员视觉提醒，同时会伴随显示相应的故障信息或故障旗，以及音响警告。

图 4-61　波音 B777 驾驶舱仪表

📖 思 考 题 📖

1. 波音 B777 客舱灯光系统主要有哪些灯? 它们各有什么特点?
2. 波音 B777 的旅客信号牌都有哪些信息指示?

第六节　客舱氧气系统

波音 B777-200 客舱氧气系统（图 4-62）在飞机客舱失压情况下，为旅客和乘务员提供应急氧气。旅客氧气系统使用化学氧气发生器产生氧气，当拉下旅客氧气面罩时，开始化学反应，大约持续 15～20min。旅客氧气面罩可以自动或手动进行释放：当飞机空速超过80 节（1 节 = 1.852km/h）或座舱高度超过 13500 英尺（4115m）时，氧气面罩自动释放；当按下驾驶舱 P5 顶板旅客氧气开关（PASS OXYGEN）时，氧气面罩手动释放。

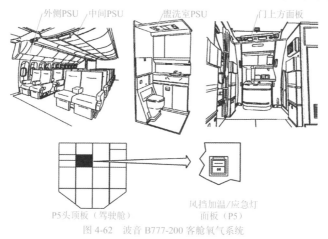

外侧PSU　中间PSU　　　盥洗室PSU　　　门上方面板

P5头顶板（驾驶舱）　　　　风挡加温/应急灯面板（P5）

图 4-62　波音 B777-200 客舱氧气系统

化学氧气发生器和氧气面罩通常安装在客舱 PSU、盥洗室 LSU、登机门上方面板等区域，也可安装在交叉过道的天花板等其他区域。

一、化学氧气发生器

化学氧气发生器用于为旅客和乘务员提供氧气，主要化学成分是铁和氯酸钠，其尺寸与连接到它的氧气面罩数量有关（图 4-63）。在发生器的中部环绕着一个指示带，当指示带变黑时，代表发生器已使用。

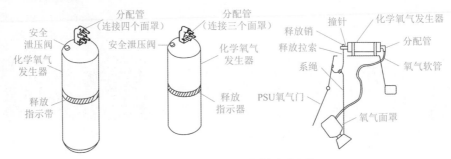

图 4-63　波音 B777-200 化学氧气发生器

二、旅客氧气面罩

旅客氧气面罩可以保证氧气连续流动，由面罩、单向阀、储气袋、释放拉索等部件组成，如图 4-64 所示。

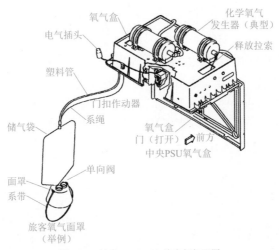

图 4-64　波音 B777-200 旅客氧气面罩

三、便携式手提氧气系统

飞机上配备的便携式氧气瓶是与氧气面罩配套的高压氧气瓶（高流量 4L/min，低流量 2L/min），在 70°F 时其充气压力达到 1800psi，用于在紧急情况下客舱内的应急供氧，由面罩、瓶体、压力表、关断阀等部件组成（图 4-65）。它也是一种气态医疗应急供氧设备供旅客应急使用（肺气肿患者要使用低流量）。氧气瓶上有压力表，显示氧气瓶的压力和氧气量。

飞行前应检查压力表的指针是否在红色区域。

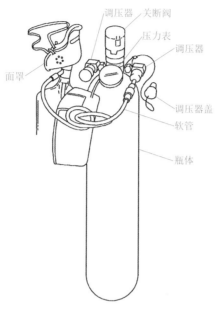

图 4-65 波音 B777-200 便携式氧气设备

思 考 题

1. 波音 B777 客舱氧气系统主要由哪些部分组成？它们各有什么特点？
2. 飞机上的应急设备都有哪些？

AIRCRAFT
CABIN SYSTEM

第五章　空客 A330 客舱系统

空中客车（简称"空客"）A330 系列飞机（Airbus A330）是高载客量、电传操纵、喷气式、中长程双通道宽体客机，由欧洲空中客车公司于 1987 年 6 月生产，用于取代 A300 和 A310 机型，与四引擎的 A340 同期研发。

空客 A330 系列飞机主要采用更轻、更高强度的金属合金和复合材料，可降低机身重量和提高飞机机体的寿命。同时，A330 系列在机翼气动性能方面也进行了优化，确保了所有条件下的最佳起飞和着陆性能，提高了飞机巡航飞行时的燃油效率。

空客 A330 系列飞机采用 222 英寸横截面的宽体机身，从一排 6 座的头等舱和公务舱到一排高效的 9 座经济舱，提供了最大运营灵活性和客舱舒适性，能够满足不同运营商对客舱座位数和分级布局的各种需求，更加符合市场发展趋势。

第一节　空客 A330 机型介绍

空客 A330（图 5-1）是欧洲空中客车公司研制生产的双通道宽体中远程客机，采用了新款机翼、稳定装置及新版本的飞控系统软件，可提供六种不同的客舱内部构型，座椅数量跨度大（覆盖 250 座至 475 座），满足从地区航线到超远程航线的客舱需求；同时在结构、气动性能和系统方面继续沿用高水平的技术，具有较高的通用性和商用价值，受到航空公司的青睐。

图 5-1　空客 A330

一、机型基本参数

空客 A330 系列机型基本参数见表 5-1。

空客 A330 系列机型基本参数　　　　　　　　　　　　表 5-1

项目	参数		
	A330-200	A330-300	A330-200F
机长（m）	58.8	63.6	58.8
机高（m）	17.4	16.85	16.9
翼展（m）	60.3	50.36	60.3
客舱宽度（m）	5.28		
座位数	253/293	295/335	N/A
空重（t）	242.9	242.9	233.9
最大起飞质量（t）	242	242	233
最大着陆质量（t）	182	187	187
最大燃油容量（L）	139.090	139.090	97.530
巡航速度（马赫）	0.82（1005km/h）		

续上表

项目	参数		
	A330-200	A330-300	A330-200F
最大速度（马赫）	0.86（1054km/h）		
最大巡航高度（m）	12500		
最大航程（km）	13135（7100 海里）		
起飞场长（m）	2220～2500		
动力装置（2 台）	通用 CF6-80E1、普惠 PW4000/劳斯莱斯 Trent700		
最大推力（kN）	303～316		

二、机型主要特点

（1）设计方面：采用先进的机翼、高效率的发动机及大量的超轻型合金、复合材料，飞机每座公里油耗和每座直接使用成本都有较大下降；支持交叉机组驾驶资格（Cross Crew Qualification）或混合机队飞行（Mixed Fleet Flying）功能，且航程达 10500km/5650n mile，具有适应各种航线飞行的灵活性。

（2）机翼方面：空客 A330 机翼为计算机控制的可变弯度翼型，机翼后掠角（25% 弦长）30°，可提高飞机气动效率、减小阻力，还可以缓解机翼所承受载荷，减小机翼结构质量。机身和尾翼还采用了大量铝锂合金和复合材料。

（3）动力装置方面：所选用的发动机 CF6-80、PW4000 或 Trent 700，压缩比更高，加大了进气道和进气量，提高了发动机推力，降低了燃油消耗，空客 A330 系列机型全部符合延程运行（ETOPS）的 180min 标准。

（4）通用性方面：空客 A330/340 系列投入运营的客机包括：双发中远程 A330-200/300、四发远程 A340-200/300/500/600 六种基本型号。这六种型号的飞机采用空客传统的共通性设计，驾驶舱配置布局几乎相同，飞行员只要接受相同的飞行训练，就可以驾驶以上六种不同的客机。同时这种共通性设计也降低了维修成本及备用航材库存，极大增强了航空公司的经济性。

三、客舱布局

空客 A330 的头等舱、公务舱和经济舱都拥有更大空间和更宽敞的座位，其横截面允许有 2-2-2 的座椅布局，能多出 12% 的靠窗座位，减少 40% 的中间座位，取消了其他机型上一排 7 座布局时三联座椅的中间座位。更大的客舱空间也使 A330 行李舱能够存放更多的行李物品。同时，A330 还改进了客舱照明，为远程飞行提供了更适宜的环境。此外，A330 可选配最新型的机上娱乐系统以及新一代机载通信功能，旅客和机组人员在空中能够保持和在地面一样的通信连接。

A330 延续了空客飞机客舱空间大的传统特点（拥有比 B747 还大的空间），下层货

舱的货运能力可使航空公司运载更多的货物（固定在货盘上或并排的集装箱），提高了货运运营效益。以中国南方航空公司机队机型为例，其客舱布局如图 5-2 所示，布局汇总见表 5-2。

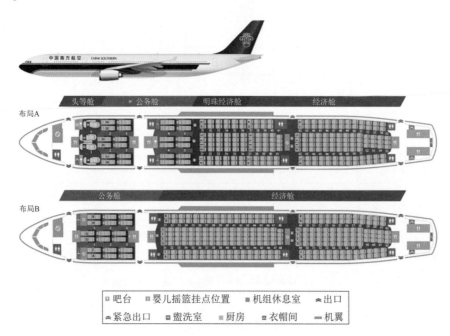

图 5-2　国内空客 A330-200 客舱布局图

空客 A330 机型客舱布局　　　　　　　　　　　　　　　表 5-2

客舱布局	国内航线						国外航线				
	布局 A				布局 B		布局 A			布局 B	
座位总数	284				260		218			260	
座位类型	头等	公务	经济1	经济2	公务	经济2	头等	公务	经济	公务	经济
座位数	4	24	48	208	18	242	2	24	192	18	242
座位间距（英寸）	84	75	37/38	32～33	75	32～33	84	75	32～38	75	32～33
扶手间座椅宽度（英寸）	20.5～27.95	20	16.99	16.99	20	16.99	20.5～27.95	20	16.99	20	16.99
座椅倾斜度（°）	180	180	6	6	180	6	180	180	6	180	6

注：1 英寸 = 2.54cm。

📖　民 航 故 事　📖

"八一"开航

1950 年 8 月 1 日，在这个距离从战争废墟中崛起的年轻共和国成立（1949 年 10 月 1

日）不足一年的日子里，新中国民用航空第一条国内航线正式开航，史称"'八一'开航"。而这一飞，也被视作是新中国民航事业的"第一飞"，是新中国民航起步的重要标志。

当天执行"第一飞"的有两架飞机，先后分别从天津和广州起飞，其中执飞"天津—武汉—重庆"（经停北京）航线的飞机为"XT-139"号；另一架为"北京"号，执飞"广州—武汉—天津"航线，两架飞机于当日中午先后降落在武汉，飞机所到之处均举行了盛大的庆祝活动。当天的《人民日报》《天津日报》还分别发表了《国内民用航空"八一"正式开航》的新闻报道和《飞行在自由祖国的天空》的署名文章。

"北京"号（XT-610号）是由周总理命名、毛主席题字的一架美国康维尔 CV-240 型客机，是当时中国最大的飞机。这架飞机原本是中央航空公司的"空中行宫"号，在 1949 年 11 月 9 日"两航起义"当日作为带队长机从香港飞回北京。"XT-139"号飞机是原中国航空公司的 C-47 型飞机，也是"两航起义"北飞的 12 架飞机中的一架。

新中国民航蓝天亮翅的两名机长亦是"两航起义"当天驾驶原机的机长，"北京"号机长是大名鼎鼎抗战时期冒死开辟"驼峰"备用航线的潘国定，此时他已经是民航局总飞行师；另一位驾驶"XT-139"号飞机的机长是秦永棠，在北飞前是中国航空公司飞行时间最短、也最年轻的机长。

由于当时的广州，国民党的飞机经常飞来骚扰，空军还从外地调派刚刚组建的航空兵部队并携 P-51 战斗机进驻广州白云机场。开航仪式结束后，战斗机就升空飞在附近空域承担空中警戒任务。"北京"号在军乐队嘹亮的《义勇军进行曲》中起飞，并环绕白云机场上空飞行一周，向欢送者致意后，升入 8500m 的高空，向北飞行。图 5-3 为"八一"开航机组人员合影。

图 5-3 "八一"开航

📖 思 考 题 📖

1. 空客 A330 的机型特点有哪些？
2. 空客 A330 的客舱布局是怎样的？
3. 空客 A330 的设计对我国飞机的研发有哪些启发？

第二节 门/窗系统

空客 A330 门系统是旅客和机组人员、货物和行李等进出飞机的出入口，是出入飞机机舱舱门组件的统称，安装于飞机不同隔舱的接近口，主要包括：旅客/机组登机门、应急出口门、货舱门、接近和勤务舱门、固定的内部舱门、起落架舱门等，且每个舱门都安装有舱门警告系统，用来向飞行员指示舱门状态，以及故障警告。

空客 A330 门系统安装位置如图 5-4 所示，分别为：

（1）旅客/机组登机门共 6 个，客舱每侧 3 个，分前侧、中间和后侧。

（2）应急出口门共 2 个，客舱每侧 1 个，安装于客舱中间段位置。

（3）货舱舱门共 3 个，安装在机身的下部。

（4）接近和勤务舱门安装在机身需要进行结构检查和系统维护的接近位置。

（5）固定的内部舱门安装在飞机内部。

（6）起落架舱门安装在起落架舱和机身连接处。

空客 A330 窗系统主要包括：驾驶舱窗户、客舱窗户、舱门观察窗户，以及检查和观察勤务窗户等，如图 5-5 所示。

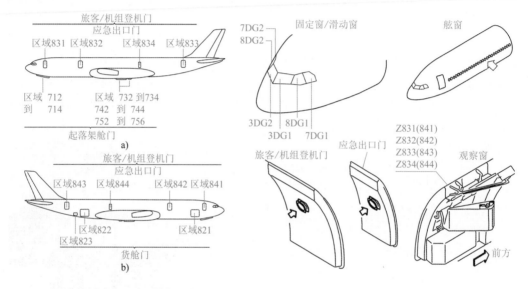

图 5-4　空客 A330 门系统位置图　　　　图 5-5　空客 A330 窗系统位置图

一、旅客/机组登机门

空客 A330 共有 6 个旅客/机组登机门（简称"登机门"），分别对称安装于客舱前段、中央、后段位置，用于旅客、机组人员进出入飞机，其位置如图 5-6 所示。

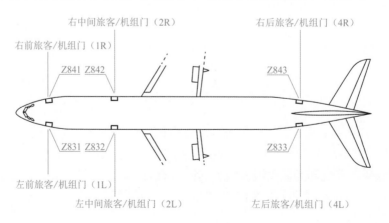

图 5-6　空客 A330 旅客/机组登机门位置

1. 舱门机构

以左侧前登机门为例，其安装于飞机前客舱左侧，为插入式设计，朝外且平行于机身打开。前左登机门可进入前客舱区域且可从飞机内、外侧操作，前登机门结构示意图如图5-7所示。

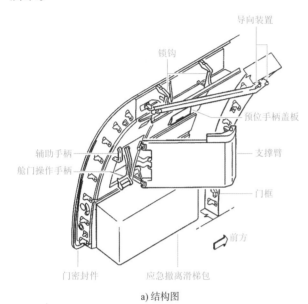

a) 结构图

b) 实物图

图 5-7　前登机门结构示意图

2. 舱门控制

空客 A330 的舱门控制机构与空客 A320 类似，可以从飞机内部或外部人工操作开、关舱门。内部打开舱门时，撤离滑梯已解除预位，首先将操作手柄抬起到打开位，舱门内部的机械传动机构使门锁机构从锁扣中脱出，同时抬升舱门；然后握住舱门辅助手柄，将舱门推出门框直到完全打开位，并由阵风锁锁定。关闭舱门时，首先松开阵风锁，然后进行与开门相反的操作程序，锁闭舱门。

3. 舱门警告

每扇舱门都安装有接近电门，用于指示舱门开关状态和上锁情况，并监控舱门位置，按需提供必要的警告。当舱门锁上时，门锁指示器可目视绿色"LOCKED"，当舱门未上锁时，门锁指示器可目视红色"UNLOCKED"。

舱门窗口下方设有客舱压力警告灯和滑梯预位指示灯。当撤离滑梯处于预位时，轻提舱门操作手柄，滑梯预位指示灯点亮（白灯），提醒操作人员滑梯处于预位状态，此时继续提起手柄开门，滑梯将充气展开。当客舱内外空气压力差值大于 2.5 Mbar（0.0362 psi）时，客舱压力警告灯闪烁点亮（红灯），提醒客舱机组此时打开舱门是危险行为（舱门可能由于客舱未完全释压而猛烈地打开）。

4. 应急撤离滑梯/救生筏及预位机构

应急撤离滑梯/救生筏（图 5-8）安装于每个登机门下部的滑梯包内，通过舱门上的预位控制手柄进行滑梯预位（ARMED）和解除预位（DISARMED）操作。

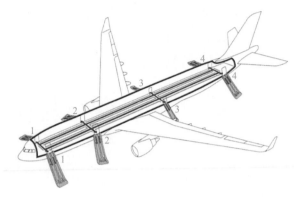

图 5-8　空客 A330 滑梯/救生筏分布

当乘务员收到解除预位指令后，将预位控制手柄平移到"解除预位（DISARMED）"绿色区域，并将安全销插入固定插孔内（锁定预位控制手柄），即完成解除预位操作。此时滑梯预位连接杆将从地面锁钩中分离，在此状态下可进行正常开启舱门的操作，应急撤离滑梯/救生筏不会充气展开。

当乘务员收到滑梯预位的指令后，将安全销从固定插孔内移除，并插入储藏孔内（锁定解除预位控制手柄），并将预位控制手柄平移到"预位（ARMED）"红色区域，即完成预位操作。此时滑梯预位连接杆将与地面锁钩锁定，在此状态下可进行应急开启舱门的操作，应急撤离滑梯/救生筏将会充气展开（图 5-9）。

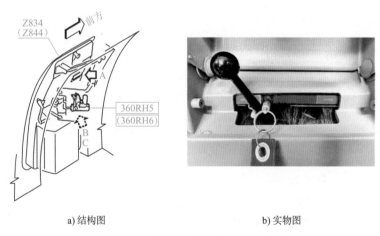

a) 结构图　　　　　　　　　　　　　　　　b) 实物图

图 5-9　空客 330-300 舱门应急撤离滑梯/救生筏及预位机构

（一）舱门内部操作

在飞机内部开、关舱门需要人工操作。开关舱门的具体操作步骤如下：

1. 打开舱门

在打开舱门之前，注意事项如下：

（1）确认舱门内侧底部的滑梯/救生筏解除预位。如果滑梯/救生筏在预位，当舱门打开时，滑梯将自动充气展开。

（2）确认舱门外侧区域无障碍物，否则当舱门打开摆出门框时，会造成舱门损坏。

确认完毕后，人工沿箭头方向向上抬起内部控制手柄，解锁并抬升舱门，当控制手柄达到极限位置后，舱门在垂直方向不再有任何移动空间，此时舱门完全抬起并解锁，门锁指示器从绿色"LOCKED"变为红色"UNLOCKED"。

使用舱门辅助手柄将舱门推出门框，并向前、向外推至全开位置，完成打开舱门操作（图 5-10）。缓冲器和止动机构轻轻将舱门停止在完全打开位置，阵风锁上锁，锁定舱门在全开位。此时，舱门和飞机机身平行。

注意当舱门打开时，阵风可能会推动舱门，需要操作人员保持一只手握住门框内部辅助手柄，防止被拉出门框造成安全隐患。

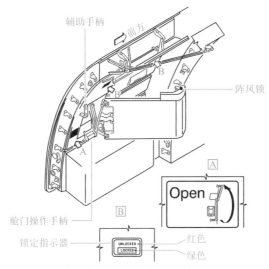

图 5-10　空客 A330 前登机门内部操作

2. 关闭舱门

首先按压支撑臂上的阵风锁解锁，拉动舱门摆回到舱门门框内（注意握住门框内部辅助手柄保持身体平衡）。然后拉动舱门上的辅助手柄，将舱门拉入门框，直至达到抬起位置。随后下压控制手柄，使手柄回到最初位置，将舱门回落到门框内。检查门锁指示器显示绿色"LOCKED"（图 5-11）。

注意事项与空客 A320 一样，不再赘述。

（二）舱门外部操作

在飞机外部开、关舱门也需要人工操作。开关舱门的具体操作步骤如下：

1. 打开舱门

在打开舱门之前，需要确认：

（1）舱门观察窗附近的客舱压力警告灯不闪烁亮起，表示客舱内外无明显压差。

（2）确认舱门外侧区域无障碍物，否则当舱门打开摆出门框时，会造成舱门损坏。

确认完毕后，向下按动按压区域（PUSH HERE），使舱门外部控制手柄弹起，执行此操作后，之前无论滑梯预位与否，舱门均自动解除滑梯预位状态。随后人工沿箭头向上抬起外部控制手柄，解锁并抬升舱门，当控制手柄达到极限位置后，舱门在垂直方向不再有任何移动空间。此时舱门解锁并完全抬起，门锁指示器从绿色"LOCKED"变为红色

"UNLOCKED"（图 5-11）。

　　继续拉动手柄将舱门拉出门框，直到推至全开位置，完成打开舱门的操作。缓冲器和止动机构轻轻将舱门停止在完全打开位置，阵风锁上锁，锁定舱门在全开位。此时，舱门和飞机机身平行。

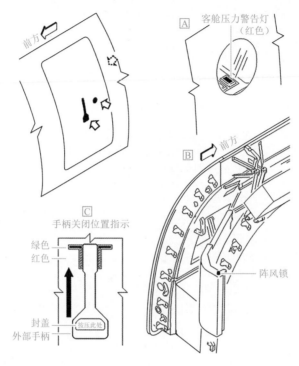

图 5-11　空客 A330 前登机门外部操作

2. 关闭舱门

　　在关闭舱门前，检查舱门和门框之间是否有夹杂物，否则可能会阻碍舱门的密封和锁定，并损坏零部件。

　　检查完毕后，首先按压阵风锁解锁，将舱门摆回到舱门门框内，直到达到抬起位置。随后将外部控制手柄压回到凹槽至锁闭位置，锁闭舱门。

　　注意事项同上文中内部关闭舱门操作相同。

二、应急出口门

（一）应急出口门功能

　　空客 A330 有两个应急出口门，分别位于机翼后上方客舱机身两侧处。应急出口门仅在应急情况下，用于旅客和机组人员的撤离通道。应急出口门是向外打开且与机身平行的故障自动防护型插入式舱门。

　　应急出口门可从飞机内部或外部进行开/关门操作，且每个应急出口门下部均安装有撤离滑梯。另外，该门上还安装有用于感应舱门是否完全关闭并上锁的接近电门，并及时向驾驶舱门系统页面提供舱门异常的警告信息。图 5-12 为应急出口门位置图。

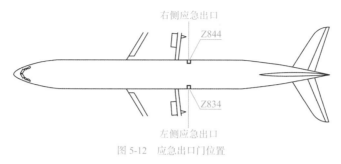

图 5-12　应急出口门位置

（二）应急出口门操作

应急出口门通过舱门上的控制手柄操作（图 5-13），操作方式与旅客登机门一致，不再说明。

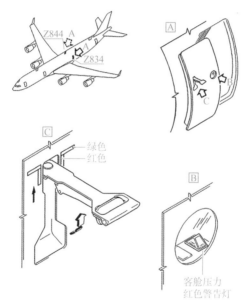

图 5-13　空客 A330 应急出口门外部打开操作

三、舱门警告系统

空客 A330 舱门警告系统主要部件包括驾驶舱舱门警告灯、舱门和撤离滑梯控制系统，以及机械指示器。

1.舱门警告灯

驾驶舱舱门警告信号牌面板上的琥珀色舱门警告灯为机组人员提供未锁定舱门的灯光警告。

2.舱门和撤离滑梯控制系统

舱门和撤离滑梯控制系统（DSCS）用于根据舱门的开关状态提供相对应的状态和警告指示，即发送舱门状态信号到驾驶舱 ECAM 页面，与其有接口的舱门包括：前/后旅客/机组登机门、应急出口门和前/后货舱门等。同时，舱门和滑梯状态也会在前乘务员控制面板（FAP）的 DOORS/SLICES 页面上显示。

3. 机械指示器

旅客/机组登机门、应急出口门和前/后货舱门都安装有机械指示器，用于舱门锁定"CLOSED/LOCKED"或者未锁定"UNLOCKED"的指示。

四、窗户系统

空客 A330 的窗户系统主要包括驾驶舱窗户、客舱窗户、旅客/机组登机门和应急出口门窗户等。

（一）驾驶舱窗户

驾驶舱窗户设有固定窗和滑动窗两种类型，左右对称安装于驾驶舱的前面和侧面，其中 4 个是固定窗，2 个是滑动窗。该窗户由三层不同材料组成，且安装有除雾系统。图 5-14 为驾驶舱窗户示意图。

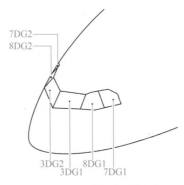

图 5-14　空客 A330 驾驶舱窗户

（二）客舱窗户

客舱窗户（宽 250mm/高 350mm）位于上机身的左右两侧，通过保持环、紧固螺栓和螺母连接到机身窗框内。图 5-15 为空客 A330 客舱窗户组成。

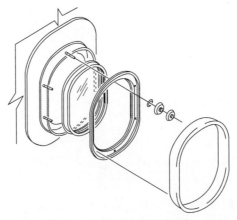

图 5-15　空客 A330 客舱窗户组成

（三）旅客/机组登机门和应急出口门窗户

空客 A330 每个舱门均安装有一个观察窗，位于舱门内部控制手柄附近，由可伸展丙烯酸树脂制成的内外窗户两层组成。图 5-16 为旅客/机组登机门和应急出口门窗户。

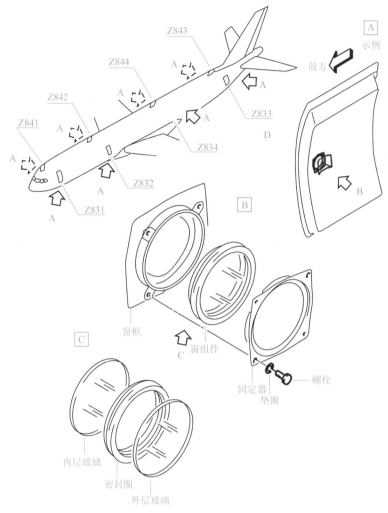

图 5-16　空客 A330 旅客/机组登机门和应急出口门窗户

📖 民 航 小 知 识 📖

客舱窗户上的"神秘"小孔

飞机客舱窗户上的小孔专业的名字叫通风孔，如图 5-17 所示。其作用是平衡客舱与中层窗户和外层窗户之间的气压，确保在航行过程中舱内压力只作用于外层玻璃，也被称为生命之"孔"。

通常，我们知道飞机从地面起飞到万米高空，客舱是通过加压来保护我们免以昏迷，为了保持舱内压力，机舱应该是密闭的，不能有任何的小孔，如果用小孔，又怎么能保证客舱的压力呢？

这些"通风孔"镶嵌于两块不同的丙烯酸材料的窗格中，这就意味着当你透过飞机窗

户往外看时，你的视线实际上是穿过了三块不同的窗格。

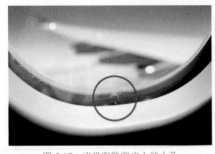

这些窗格中的第一层——就是你可以触碰以及印下指纹的窗格，它被称为防刮护罩。中间层的窗格带有通风孔，它需要依靠最外一层窗格来形成整个系统。最外层窗格就是最重要的一层，因为它能保护你免受舱外的气压差异。虽然最外层及中间层窗格都有抵抗舱外气压的能力，但阻挡气压的首要重任还是落在最外层窗格上，因为它是你与云层之间的最后屏障。

图 5-17　飞机客舱窗户上的小孔

当你在飞行时，机舱内外的气压是有巨大差异的——机舱内的所有空气都拼命地想要冲出机舱，去填补机舱内外的气压失衡。

那为什么机舱的窗口一定需要这个小孔呢？那是因为这个小孔确实是减少了中间窗格的压力，因此当在飞行时，只有最外层窗格承受着整个机舱的压力。随着飞行高度升高，机舱内外的压差还会逐渐增大，这个位于中间层窗格的排气孔的作用是使得机舱之间的压力和窗格之间的大气压平衡，并且使飞行时机舱的压强仅作用于最外层窗格。

📖 思 考 题 📖

1. 空客 A330 有哪些舱门？它们各有什么特点？
2. 空客 A330 的登机门的开关操作是什么？
3. 空客 A330 的逃生门的开关操作是什么？
4. 空客 A330 的窗户有哪些？它们各有什么特点？

第三节　客舱通信系统

空客 A330 客舱通信系统由旅客广播系统、勤务内话系统、旅客娱乐系统以及乘务员控制面板等子系统组成。

一、旅客广播系统

旅客广播系统是客舱内部通信数据系统（CIDS）的一部分，由飞行机组通告、预录通告、旅客娱乐系统（视频/音乐）、旅客空地电话等组成，用于将飞行机组通告和预录广播及音乐通过 CIDS 发送给旅客。旅客娱乐系统由前乘务员控制面板控制。

旅客广播系统优先权设置为：

（1）第一优先权：驾驶舱音频。

（2）第二优先权：乘务长话筒。

（3）第三优先权：乘务员话筒。

（4）第四优先权：来自通告/机上音乐播放器的通告。

（5）第五优先权：来自通告/机上音乐播放器的机上音乐。

在下列情况下伴随提示音：

（1）"请勿吸烟/系好安全带"灯点亮，伴随低谐音提示音"咚"。

（2）从盥洗室或旅客服务组件按下乘务员呼叫开关，伴随高谐音提示音"叮"。

（3）从驾驶舱或乘务员控制面板按下乘务员呼叫开关，伴随高/低谐音提示音"叮咚"。

二、勤务内话系统

（一）飞行机组呼叫系统/座舱内话系统

飞行机组呼叫系统/座舱内话系统用于飞行员和乘务员之间、乘务员彼此之间的呼叫，由驾驶舱呼叫控制面板、手提内话机、旅客服务面板、乘务员呼叫灯、声音警告模块等部件组成，通过分布于飞机不同位置的 13 个勤务内话插孔完成数据传输（图 5-18）。使用客舱内话时，会对机组人员进行声音或视频提示。

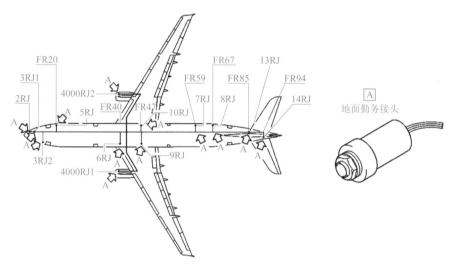

图 5-18　空客 A330 内话插孔位置示意图

驾驶舱 285VU 面板（图 5-19）的按键说明如下：

（1）TMR RESET：计时器复位。

（2）FAULT：失效/故障。

（3）SVCE INT OVRD：勤务内话超控开关。

（4）ON/OFF：开/关。

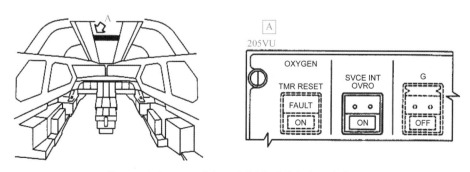

图 5-19　空客 A330 飞行机组呼叫系统/座舱内话系统操作面板

乘务员手提内话机位于前/后乘务员站位，由听筒、话筒和按键开关等组成，用于乘务员之间相互通话，以及通过旅客广播系统发布通告。

通过手提内话机磁簧片可查看其开关状态，当从基座上取下手提内话机时，即与内话系统相连。

手提内话机（图 5-20）按键开关功能如下：

（1）PA：将手提内话机连接到旅客广播系统（PA）。

（2）INTPH+数字：呼叫乘务员，相应站位的乘务员呼叫灯点亮，并伴随高/低谐音提示音。

（3）PURS：呼叫乘务长。

（4）CAPT：呼叫飞行员，驾驶舱旅客符号面板"CALL"灯点亮，并伴随高谐音提示音。

（5）PRIO CAPT：紧急呼叫飞行员，出现紧急情况。

（6）PTT：向 PA 发布通知。

（7）RESET：断开 PA 连接或取消呼叫。

（8）ALL：全部。

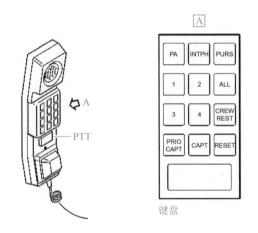

图 5-20　空客 A330 手提内话机

（二）旅客呼叫系统

旅客呼叫系统用于客舱或盥洗室的旅客呼叫乘务员，并使乘务员快捷地找到该旅客位置，由乘务员呼叫按钮、乘务指示面板（AIP）、区域呼叫面板（ACP）、客舱扬声器等部件组成。

旅客按压头顶旅客服务组件（PSU）上的乘务员呼叫按钮后，其座位排灯点亮，同时指定呼叫区域的 AIP 上会显示其座位排数（例如 CALL SR 20 L），指定呼叫区域的 ACP 蓝色灯点亮；并且指定呼叫区域的客舱扬声器和乘务员座位附近的扬声器发出高谐音声响提示音。再次按压 PSU 上乘务员呼叫按钮后，系统复位。当飞机停在地面且客舱门还未关闭时，旅客按压乘务员呼叫按钮时对应 PSU 上的呼叫灯闪亮（图 5-21）。

旅客按压盥洗室服务组件（LSU）上的乘务员呼叫按钮后，乘务员呼叫按钮灯点亮，盥洗室门上（外侧）的琥珀色指示灯点亮，同时距离该盥洗室最近的 ACP 琥珀色灯点亮，相应 AIP 显示盥洗室呼叫（例如：CALL LAV 5），并伴随高谐音提示音。再次按下 LSU 上的乘务员呼叫按钮后，系统复位。

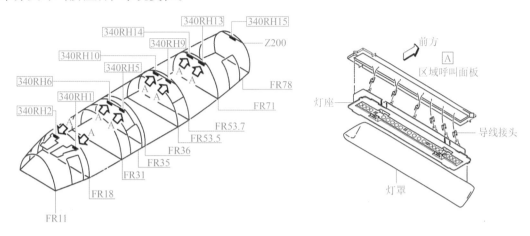

图 5-21　空客 A330 区域呼叫面板（ACP）分布

（三）旅客娱乐系统

空客 A330 旅客娱乐系统（图 5-22）包括视频系统和音乐系统，用于提供给旅客视频/音乐节目，主要由播放器、视频中央控制单元、视频分配单元、视频显示器等部件组成。

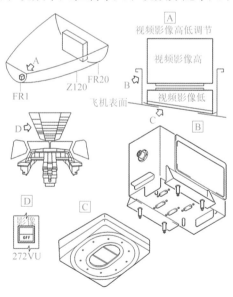

图 5-22　空客 A330 旅客娱乐系统

三、乘务员控制面板

（一）前乘务员控制面板（FAP）

前乘务员控制面板（FAP）是空客 A330 乘务员主控制面板，位于前乘务员站位 L1 舱门处。新式飞机一般为液晶显示屏。

1. 客舱状态页面（图 5-23）

在打开电源并输入密码后，通过 Cabin Status 键进入客舱状态页面，主要按键说明如下：

（1）CAUT：警告信息提示灯。

（2）Screen Off：页面关闭（黑屏）。

（3）Audio：音频页面。

（4）Lights：灯光控制页面。

（5）Doors/Slides：舱门及滑梯预位显示页面。

（6）Temp：温度控制页面。

（7）Water/Waste：饮用水/污水显示页面。

（8）Smoke Detect：烟雾探测页面。

（9）System Info：系统信息。

（10）Cabin Status：返回主菜单，进入客舱状态页面。

（11）CABIN READY：客舱准备就绪。

在 FAP 上通过"CABIN STATUS"（客舱状态页面）的"前/后"按钮选择客舱系统。在机组人员做好起飞准备后，若按"CABIN READY"（客舱准备就绪）键，CABIN READY 信息会显示在驾驶舱 ECAM 页面上。在定时 5min 后，自动重置"CABIN READY"（客舱就绪），"CABIN READY"键指示灯从绿色（工作）变回灰色（不工作）。

若 CIDS 接收到重要系统信息，相关系统页面会自动显示，原先页面退出。系统显示优先权如下：烟雾探测系统；舱门/滑梯系统；饮用水/污水系统；系统信息；音频和空调（温度）系统；软件下载。

2. 音频页面

音频页面用于控制音频系统，如图 5-24 所示。

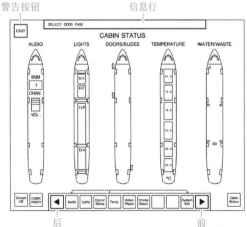

图 5-23 空客 A330 前乘务员控制面板客舱状态页面

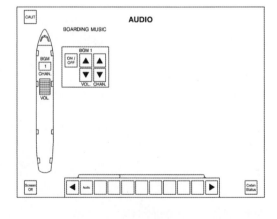

图 5-24 前乘务员控制面板音频页面

音频页面操作方法如下：

（1）在 BOARDING MUSIC 面板上按 ON/OFF 键，使其变为绿色，最左侧的飞机图形显示当前频道和音量。

（2）根据需要调节面板上的频道和音量。

（3）播放完毕后，再按 ON/OFF 键，使其变为灰色，飞机图形变成全灰且不显示内容。

注意事项同空客 A320 机型一样，不再说明。

音频页面按键说明如下：

（1）BOARDING MUSIC：登机音乐。

（2）BGM：背景音乐。

（3）CHAN：频道。

（4）VOL：音量。

（5）ON/OFF：登机音乐开关。

3. 客舱灯光页面

客舱灯光页面用于控制客舱灯光系统，如图 5-25 所示。

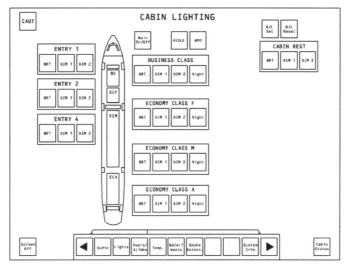

图 5-25　前乘务员控制面板客舱灯光页面（举例）

客舱灯光页面操作方法：根据需要按下相应按键，使其变为绿色；再次按下相应绿色按键即为关闭，使其变为灰色。

客舱灯光页面按键说明如下：

（1）Main On/Off：总开关。

（2）AISLE：客舱顶灯开关。

（3）WDO：客舱窗灯开关。

（4）R/L Set：打开阅读灯。

（5）R/L Reset：关闭阅读灯。

（6）BRT：100％亮度。

（7）DIM1：50％亮度。

（8）DIM2：10％亮度。

（9）Night：夜间亮度。

（10）ENTRY：入口灯。

（11）BUSINESS CLASS：商务舱。

（12）ECONOMY CLASS：经济舱。

（13）CABIN REST：客舱休息区。

4. 舱门及滑梯页面

舱门及滑梯页面用于显示飞机舱门及滑梯预位，如图 5-26 所示。

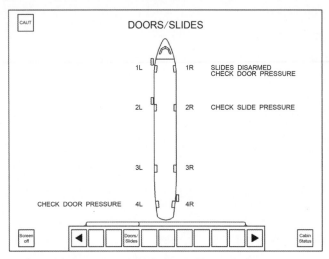

图 5-26 前乘务员控制面板舱门及滑梯页面

舱门及滑梯页面按键说明如下：

（1）红色：舱门打开或未关闭好。

（2）黄色：舱门已正确关闭，滑梯在解除预位状态。

（3）绿色：舱门已正确关闭，滑梯在预位状态。

5. 客舱温度页面

客舱温度页面用于控制飞机客舱温度，如图 5-27 所示。

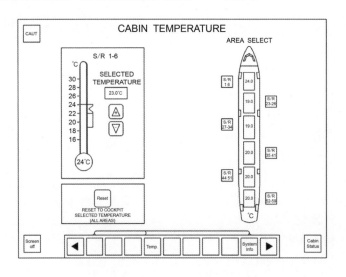

图 5-27 前乘务员控制面板客舱温度页面

客舱温度页面操作方法如下：

（1）按 AREA SELECT 键选择控制区域，左侧显示调节页面。

（2）按三角形的"+"或"−"键调节温度，调至所需温度，显示在 SELECTED TEMPERATURE 窗口。

客舱温度页面按键说明如下：

（1）AREA SELECT：区域选择。

（2）SELECTED TEMPERATURE：目标温度。

（3）Reset：重置至驾驶舱调节的温度（全部区域）。

6. 饮用水/污水页面

饮用水/污水页面用于显示飞机饮用水/污水状态，如图 5-28 所示。

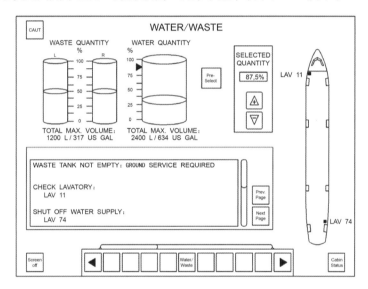

图 5-28　前乘务员控制面板饮用水/污水页面

饮用水/污水页面 WASTE QUANTITY 区域显示污水量，用百分比表示，起飞前应在"0"位；WATER QUANTITY 区域显示饮用水量，起飞前应在"100"位。

饮用水/污水页面按键说明如下：

（1）WASTE QUANTITY：显示污水量。

（2）WATER QUANTITY：显示饮用水量。

（3）SELECTED QUANTITY：设定饮用水量。

（4）MESSAGE：信息栏。

7. 烟雾探测页面

烟雾探测页面用于显示飞机烟雾探测情况，若盥洗室探测到烟雾，在该页面上显示报警信息，如图 5-29 所示。

（二）后乘务员控制面板 AAP

空客 A330 安装有 2 个功能相同的后乘务员控制面板 AAP（又称为"辅助乘务员控制面板"），有 2 个，用于控制部分客舱系统（图 5-30），分别位于客舱 L2 与 L4 舱门处，功

飞机客舱系统

能如下：

（1）调节客舱照明亮度（CABIN BRT/DIM1/DIM2）。

（2）调节/复位客舱夜间灯光（NIGHT LT）。

（3）呼叫复位信号（CALL RESET）。

（4）盥洗室烟雾警告指示和复位（SMOKE LAV）。

（5）调节客舱入口处照明亮度（ENTRY/DIM1/DIM2)。

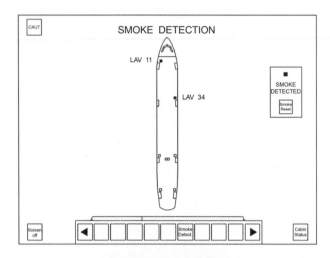

图 5-29　前乘务员控制面板烟雾探测页面

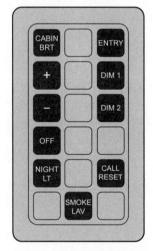

图 5-30　空客 A330 后乘务员控制面板

📖 民 航 故 事 📖

与死神 12 分钟的赛跑

2022 年 7 月 4 日，在南航北方分公司一架从沈阳飞往成都的 CZ6673 航班上，一位旅

198

客突发疾病，意识丧失，机组人员和同机旅客开展紧急救护，在南航航班上上演了"生命至上，大爱无疆"的感人一幕。

当天，南航北方分公司 CZ6673 航班于 13 时 30 分从沈阳桃仙国际机场起飞，原计划 17 时 20 分降落成都双流国际机场。16 时 58 分，飞机正处于下降阶段，忽然从客舱里传来旅客的呼救声，乘务员李松珊前去查看，发现 62C 旅客出现抽搐症状，于是立即向乘务长田阳报告。

乘务长田阳安排广播寻找医生、报告机长后，来到患病旅客身边查看情况。只见这名旅客面部抽搐不止、意识不清，田阳带着乘务员李松珊、王卫婷立刻给旅客按压人中急救，打开座位上方通风口，保持空气流通。

此时乘坐飞机前往成都出差的医生金克尔听到广播后来到患病旅客身边，向患病旅客陪同人员了解旅客的既往病史，初步判断有可能是癫痫发作。金医生和乘务员配合对旅客展开急救。根据金医生的建议，乘务组拿来氧气瓶给旅客吸氧，用冰毛巾敷额头，并不断拍打旅客，大声呼唤旅客的名字，努力唤醒旅客的意识……17 时 10 分，在丧失意识 12 分钟后，患病旅客终于停止抽搐，睁开眼睛，逐渐恢复意识。

飞机降落在成都双流机场，机长汪家睦立刻联系成都机场签派安排救护车，同时加快滑行速度尽快停靠廊桥。当飞机滑到廊桥位置时，救护车也同时到达。为了节省时间，还在驾驶舱里的机长立即组织机组成员配合救护人员快速上机施救。乘务长田阳请机上旅客在座位等待，保证患病旅客能最先下飞机，争取救治时间。金医生、安全员配合机场救护人员一起将旅客抬下飞机，最终旅客得到及时救治。图 5-31 所示为机上急救现场情况。

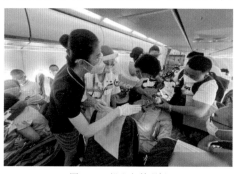

图 5-31　机上急救现场

📖 思 考 题 📖

1. 空客 A330 旅客广播系统主要由哪些部分组成？它们各有什么特点？
2. 空客 A330 勤务内话系统主要由哪些部分组成？它们各有什么特点？
3. 空客 A330 呼叫系统主要由哪些部分组成？它们各有什么特点？

第四节　客舱灯光系统

空客 A330 客舱灯光系统主要包括客舱通用照明、旅客阅读灯和乘务员工作灯、旅客呼叫灯、盥洗室灯和信号牌灯、厨房灯等。

一、客舱通用照明

客舱通用照明用于提供行李舱上/下区域内的照明,安装于窗户上方突出部分的侧壁板和旅客服务组件之间,由镇流器组件(间隔的灯管组件内)、荧光灯管、灯罩透镜等部件组成,如图 5-32 所示。

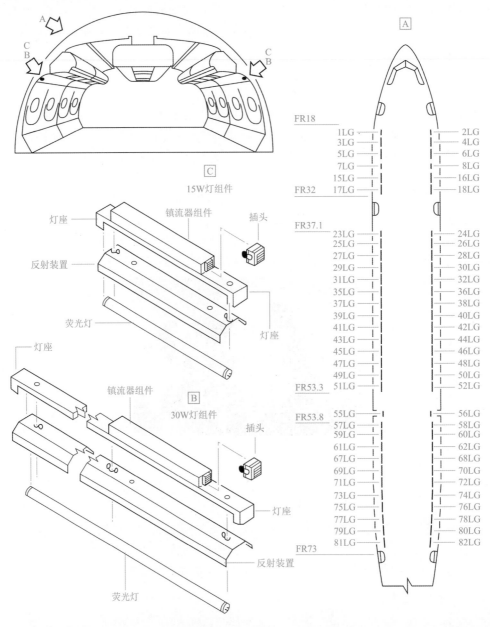

图 5-32 空客 A330 通用照明

客舱通用照明由前/后乘务员控制面板上的电门控制,电门的位置分别为 BRT(100%亮度)、DIM1(50%亮度)、DIM2(10%亮度)。如图 5-33 所示为空客 A330 窗口灯控制面板。

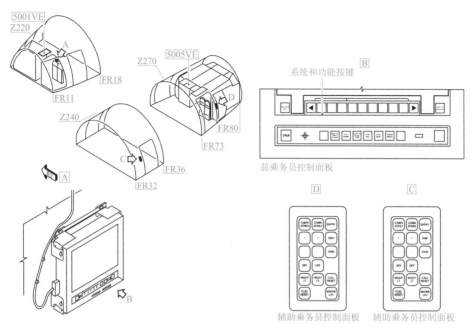

图 5-33　空客 A330 客舱通用照明控制面板

二、旅客阅读灯和乘务员工作灯

旅客阅读灯（高亮灯）用于为旅客提供阅读灯光，安装在旅客头顶的 PSU 上，通过座椅扶手的电门控制（图 5-34）。阅读灯应用聚光圈透镜光束指向，并通过锁定/开锁工具松开或固定。

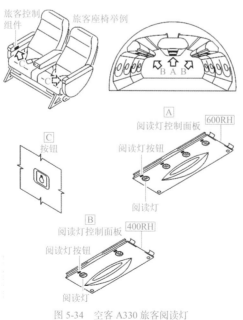

图 5-34　空客 A330 旅客阅读灯

乘务员工作灯（高亮灯）用于提供乘务员工作台的照明，位于乘务员工作台上方的天

花板内，由白炽灯泡和透镜组成。每个工作台均配置一个工作灯，由相关乘务员控制面板上的电门控制，也可以通过安装在每个乘务员座椅附近或上方灯组件上的按钮电门（PBSW）控制（图 5-35）。

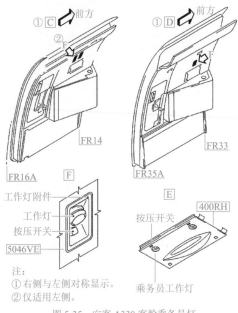

注：
① 右侧与左侧对称显示。
② 仅适用左侧。

图 5-35　空客 A330 客舱乘务员灯

三、旅客信号牌

旅客信号牌（白炽灯）用于向为旅客和乘务员提供指示："请勿吸烟""系好安全带""返回座位"（图 5-36）。

驾驶舱 215VU 面板说明如下：

（1）SEAT BELTS：系好安全带。

（2）SIGNS：信号。

（3）NO SMOKING：请勿吸烟。

（4）EMER EXIT LT：应急出口灯光。

（5）ARM：预位。

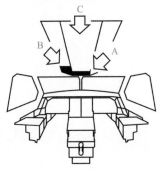

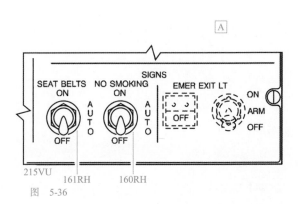

图　5-36

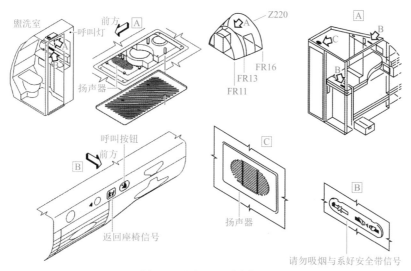

图 5-36　空客 A330 旅客信号牌

四、旅客呼叫灯

旅客呼叫灯用于呼叫乘务员，位于旅客座椅的上方。其具体操作方法参考第三节客舱通信系统。

五、盥洗室灯

盥洗室灯用于盥洗室照明，由荧光灯带和镇流器等部件组成，包括：安装在洗手台上方的洗手台灯（洗手台区域辅助照明）、安装在镜子下方的镜灯、安装在盥洗室门内侧上方的荧光灯，并由安装在盥洗室门框上的微动电门控制亮度（图 5-37）。当盥洗室门解锁后，洗手台灯以弱亮度点亮、镜灯熄灭、荧光灯亮度以 50% 亮度点亮；当盥洗室门上锁后，洗手台灯和镜灯以 100% 亮度点亮，荧光灯以 100% 亮度点亮。

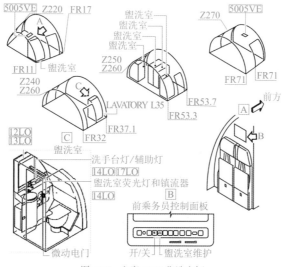

图 5-37　空客 A330 盥洗室灯

六、盥洗室信号牌灯

盥洗室信号牌灯安装在客舱，用于指示盥洗室是否被占用，由发光二极管、微动电门、控制继电器和驾驶舱 OCCUPIED 指示灯组成（图 5-38）。每块标牌上带有 1 个盥洗室位置箭头和 1 个男人、1 个女人、1 个冲洗盆和 1 面镜子等符号。当盥洗室未被占用时，信号牌指示为绿色；当盥洗室被占用时，信号牌指示为红色。

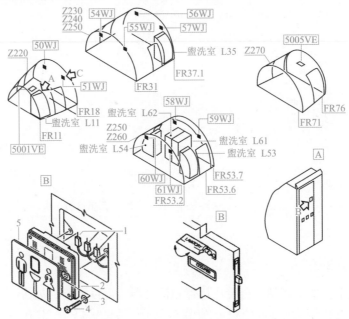

图 5-38　空客 A330 盥洗室信号牌灯

1-电插头；2-外壳；3-垫圈；4-螺钉；5-镜片

📖 民 航 小 知 识 📖

飞机一到晚上的时候，为什么左右灯是一边绿一边红呢？

飞机外部航行灯的分布如图 5-39 所示。

图 5-39　飞机外部航行灯的分布

飞机一红一绿两盏灯是为了在行驶过程中避免空中交通事故，看到红绿两盏灯就说明对面的飞机正朝着正面撞过来。

看到一盏灯有两种情况：如果看到红灯就说明对面飞机在右侧，看到绿灯说明对面飞机在自己的左侧。

看到三盏灯光就说明对面的飞机在上方或者是下方。这两种情况都是没有危险的。虽然天空很广阔，但是也是有很大概率会发生意外的，特别是在雾霾天气或者是雷雨天气，能见度很低的情况下，驾驶飞机时的难度系数很大，没有办法直接看见机身，要靠灯光辅助。

📖 思 考 题 📖

1. 空客 A330 客舱灯光系统主要有哪些灯？它们各有什么特点？
2. 空客 A330 的盥洗室灯光由哪些部分组成？

第五节 客舱氧气系统

空客 A330 飞机客舱氧气系统为机组、乘务员和旅客提供氧气，包括：旅客氧气系统和便携式氧气系统。

一、旅客氧气系统

旅客氧气系统为旅客和乘务员提供应急用氧，由氧气发生器，面罩，引爆销机构等部件组成，安装在旅客座椅、盥洗室、乘务员座椅和厨房中。

旅客氧气系统使用化学氧气发生器制造氧气，然后流经供氧软管供给旅客氧气面罩。当旅客氧气面罩松开时，安装在驾驶舱顶板上的旅客氧气指示灯亮（图 5-40）。

驾驶舱 285VU 维护面板（MAINTENANCE　PANEL）相关按键说明如下：

（1）OXYGEN：氧气。

（2）TMR RESET：计时器复位。

（3）FAULT：失效/故障。

驾驶舱 211VU 顶板（OVERHEAD PANEL）相关按键说明如下：

（1）MASK MAIN ON：氧气面罩工作。

（2）PASSENGER：旅客供氧。

（3）CREW SUPPLY：机组供氧。

（4）SYS ON：系统工作。

ECAM 门/氧气显示页面（ECAM DISPLAY DOOR PAGE）关于氧气系统的说明如下：

（1）PAX OXY：旅客氧气。

（2）CKPT OXY：机组氧气。

（3）1850PSI：压力 1850psi。

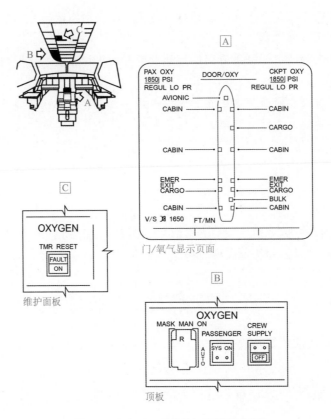

图 5-40　空客 A330 旅客氧气系统驾驶舱显示

（一）化学氧气发生器

化学氧气发生器是复合材料的气瓶装置，安装在前货舱内侧壁板衬板后方，如图 5-41 所示。原理与其他机型一致。

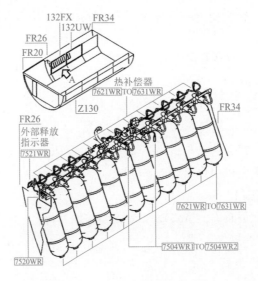

图 5-41　空客 A330 旅客氧气发生器

（二）旅客氧气面罩

旅客氧气面罩用于在飞机失压时，为飞机旅客和乘务员提供呼吸用氧，由带有呼吸活门的黄色硅橡胶面罩、弹性头戴式带子、发生器释放拉索、供气软管和储气袋等部件组成，如图 5-42 所示。操作与空客 A320 机型原理一致。

二、便携式氧气系统

便携式氧气系统的作用和位置与空客 A320 机型一致。

（一）手提氧气瓶

手提氧气瓶是容积为 310L 的高压气瓶，用于应急供氧，如图 5-43 所示。安装在飞机上容易接近的地方。

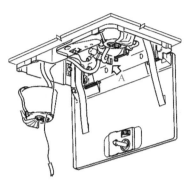

图 5-42　空客 A330 旅客氧气面罩

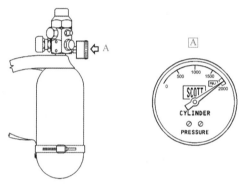

图 5-43　空客 A330 便携式手提氧气瓶

（二）保护式呼吸装置

保护式呼吸装置（PBE）的作用和位置与空客 A320 机型一致，如图 5-44 所示。

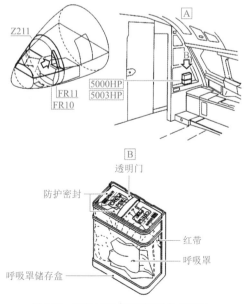

图 5-44　空客 A330 保护呼吸设备（PBE）

207

思 考 题

1. 空客 A330 客舱氧气系统主要由哪些部分组成？它们各有什么特点？
2. 简述空客 A330 PBE 的作用。

AIRCRAFT
CABIN SYSTEM

第六章　ARJ21
客舱系统

　　ARJ21 是我国首次按照国际民航规章自行研制、具有自主知识产权的中短程新型涡扇支线客机，包括基本型、货运型和公务型等型号。ARJ21 的研发采用国际合作模式，应用了大量国际成熟技术和机载系统，也有许多中国制造的系统零部件及产品。

　　2016 年 6 月 28 日，由 ARJ21-700（图 6-1）执飞的四川成都到上海虹桥的 EU6679 航班安全起降，标志着 ARJ21 客机正式投入商业运营。ARJ21 以其适应性、舒适性、经济性、共通性等优点，迅速在国内市场抢占先机。截至 2021 年底，中国商用飞机有限责任公司已累计交付国航、东航、南航、成都航空、天骄航空和江西航空等客户 66 架 ARJ21，开通航线超过 86 条，累计飞行时长超过 10 万 h，安全运送旅客超过 130 万人次，订单量超过 600 架，与巴西航空工业公司、加拿大庞巴迪宇航公司等制造的支线飞机形成了多足鼎立的局面，具有强劲的市场韧性。

图 6-1　ARJ21-700

第一节　ARJ21 机型介绍

ARJ21 采用双圆剖面机身、下单翼、尾吊两台涡扇发动机、高平尾、前三点式可收放起落架的基本布局，座级为 78 座至 90 座，航程 2225～3700km，用于满足从中心城市向周边中小城市的辐射型航线，设计经济寿命为 60000 飞行小时/20 个日历年。

一、机型基本参数

ARJ21 机型基本参数如表 6-1 所示。

ARJ21 机型基本参数　　　　　　　　　　　　　　表 6-1

项目	参数
机长（m）	33.464
机高（m）	8.442
翼展（m）	27.288
客舱最大宽度（m）	3.143
客舱高度（m）	2.030
座椅宽度（m）	0.455
通道宽度（m）	0.483
座位数（个）	90
货舱最大容积（m³）	20.145
空重（kg）	24955（55016 磅）
最大起飞质量（kg）	40500（89287 磅）
最大着陆质量（kg）	37665（83037 磅）
最大滑行质量（kg）	40589（89483 磅）
最大燃油质量（kg）	10386（22897 磅）
最大航程（km）	2225
最大使用速度（马赫）	0.82（1005km/h）
最大使用高度（m）	11900
起飞场长（m）	1700
着陆场长（m）	1550
动力装置	CF34-10A
最大推力（kN）	69.54

二、机型主要特点

（1）适应性：ARJ21 的设计是以未来西部交通枢纽昆明机场作为设计的临界条件，并用西部地区航线来检验飞机的航线适应性，以保证在实现经济效益的条件下满足西部高原高温的环境要求。它是世界上第一款完全按照中国自然环境来建立设计标准的飞机，在西部航线和西部机场具有很强的适应性。

（2）舒适性：ARJ21 客舱宽度 312.4cm（123 英寸），比同类型飞机宽 30.5～63.5cm（12～25 英寸），采用公务舱排距 96.5cm（38 英寸）、经济舱排距不小于 81.3cm（32 英寸）的宽松布局。基本型和加长型分别拥有 17m³ 和 20m³ 的下货舱，货舱高度接近 1m，为旅客提供更多的行李空间。客舱内饰和服务设备综合考虑了线条、颜色、图案、照明和实用等因素，保证旅客获得最大程度的舒适感。

（3）经济性：通过采用长寿命、高可靠性、强可维护性的结构设计，使飞机在保证安全性的同时降低维护成本；采用低油耗涡扇发动机，提高了飞机的使用经济性；运用数字化设计技术为代表的先进研发手段和与国际接轨的生产管理和质保体系，比同类飞机降低 10% 的研制和生产成本。

（4）共通性：ARJ21 有媲美 150 座干线飞机的性能和使用特性，在飞行/维护人机界面以及操作程序方面尽可能保持共通性。

三、客舱布局

ARJ21 客舱不仅有与干线客机相当（甚至优于）的宽座椅、大排距、边座/侧壁大间距、宽过道、高天花板的先进客舱布局，还符合工程心理学原理，前卫宜人的客舱美学设计和全机飞行力学特性提供了优越的乘机品质。以中国南方航空为例，布局如图 6-2 所示，具体参数见表 6-2。

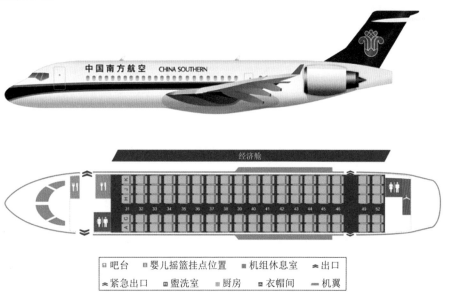

图 6-2　ARJ21 机型客舱布局

ARJ21 机型客舱布局参数　　　　　　　　　　　　　　表 6-2

座位总数	90
座位类型	经济舱
座位间距（cm）	76.2～78.7（30～31 英寸）
扶手间座椅宽度（cm）	42.0～44.5（16.5～17.5 英寸）
座椅倾斜度（向后距离）（cm）	15.2（6 英寸）

📖 **民 航 故 事** 📖

ARJ21 发展历程

1. 立项研制阶段

2002 年 4 月，ARJ21 项目经国务院批准立项，标志 ARJ21 项目正式进入立项研制阶段，同年 9 月，中航商用飞机有限公司成立，负责运作 ARJ21 项目。2003 年 3 月 27 日，ARJ21-700 型飞机获原中国民用航空总局适航审定司签发型号受理通知书。同年 11 月，ARJ21 项目完成预发展阶段评审，转入详细设计阶段。2005 年 5 月，ARJ21 项目可行性研究报告获国务院批复。2006 年 5 月，ARJ21 项目由详细设计阶段转入全面试制阶段。2007 年 12 月 21 日，ARJ21-700 型飞机 101 架机在上海大场机场总装下线。2008 年 5 月 11 日，统筹干、支线飞机生产的中国商用飞机有限责任公司在中国上海成立。2008 年 11 月 28 日，ARJ21-700 型飞机 101 架机在上海大场机场成功首飞。2009 年 7 月 1 日，ARJ21-700 型飞机 102 架机在上海大场机场成功首飞。

2. 适航审定阶段

2009 年 7 月 15 日，ARJ21-700 型飞机 101 架机成功完成首次城际飞行，即从上海大场机场转场西安阎良机场，标志 ARJ21 项目全面进入适航取证阶段；2010 年 1 月 14 日，ARJ21-700 型飞机第一项验证项目——高寒地面试验和高寒飞行试验成功，试验机场为呼伦贝尔东山国际机场；6 月 28 日，ARJ21-700 型飞机全机稳定俯仰情况极限载荷静力试验在西安阎良机场完成；2011 年 4 月 9 日，ARJ21-700 型飞机 101 架机取证前静力试验任务完成，该试验也为中国第一次满足 CCAR25 部适航要求的一次完整的静力试验；8 月 3 日，ARJ21-700 型飞机颤振试飞任务完成，通过了中国民用航空局和美国联邦航空局的联合审查。

2012 年 2 月 14 日，ARJ21-700 型飞机获中国民用航空局颁发型号检查核准书，标志着 ARJ21 项目正式进入型号合格审定试飞阶段；3 月 3 日，ARJ21-700 型飞机 104 架机转场乌鲁木齐地窝堡国际机场进行自然结冰试验试飞；5 月 12 日，ARJ21-700 型飞机 102 架机进行飞控直接模式操稳大侧风局方审定试飞；7 月 18 日，ARJ21-700 型飞机在上海大场机场进行高温高湿局方审定试飞。

2013 年 3 月 12 日，ARJ21-700 型飞机 103 架机完成前起应急放攻关研发试飞；3—4 月，ARJ21-700 型飞机 102 架机转场嘉峪关机场完成大侧风试飞；4—5 月，ARJ21-700 型飞机 103 架机转场银川河东机场(今银川河东国际机场)完成航电系统试飞；7 月，ARJ21-700 型飞机 103 架机转场长沙黄花国际机场完成高温高湿试飞；8 月 30 日，ARJ21-700 型飞机型号合格证申请人经中国民用航空局批复。

2014 年 1 月，ARJ21-700 型飞机 103 架机转场呼伦贝尔东山国际机场完成高寒试飞；4 月 28 日，ARJ21-700 型飞机在北美完成自然结冰试验试飞后返回西安阎良机场；6 月 18 日，ARJ21-700 型飞机 105 架机在上海大场机场成功首飞，该机为交付批的首架飞机；10 月 21 日，ARJ21-700 型飞机 103 架机完成全机排液试验；12 月 16 日，ARJ21-700 型飞

105 架机完成功能和可靠性试飞，标志着该款飞机适航取证前全部试飞任务全部完成；12 月 23 日，ARJ21 项目所有表明飞机设计符合性的技术报告获得中国民用航空局批准，关闭了所有适用条款；12 月 26 日，ARJ21-700 型飞机型号合格审定委员会（TCB）最终会议决议，同意颁发 ARJ21-700 型飞机型号合格证；12 月 30 日，ARJ21-700 型飞机获中国民用航空局型号合格证。

2015 年 3—9 月，ARJ21-700 型飞机完成为期半年的航线演示飞行，共涉及我国 15 座机场，体验飞行旅客达到 1866 人次；11 月 8 日，ARJ21-700 型飞机通过 T5 测试，标志着 ARJ21 飞机的训练大纲、手册、培训体系以及程序通过局方审定，AEG 评审项目已全部通过（图 6-3）。

图 6-3　ARJ21-700 型飞机成都机场验证试飞

3. 商用交付阶段

2015 年 11 月 29 日，ARJ21-700 型飞机 105 架机交付成都航空，注册号为 B-3321，成都航空成为 ARJ21 飞机全球首架运营商。此后，国产 ARJ21 支线飞机正式走向了商业运营。

📖 思 考 题 📖

1. ARJ21 的机型特点有哪些？
2. ARJ21 的客舱布局是怎样的？
3. ARJ21 对我国的民机发展有何意义？

第二节　门/窗系统

ARJ21 门系统主要为旅客、机组及维修人员提供进入客舱以及接近各个部件或区域的通道，根据功能可将舱门划分为登机门、应急出口门、前/后货舱门、前勤务门，电子/电气舱门、后设备舱门、辅助动力装置舱门、前/主起落架舱门等，如图 6-4 所示。

ARJ21 窗系统包括驾驶舱窗户、客舱窗户以及舱门观察窗户，分别安装于驾驶舱、客舱和部分舱门上，用于提供观察视野，承受飞机座舱增压载荷，并对外力撞击有一定的承载能力，如图 6-5 所示。

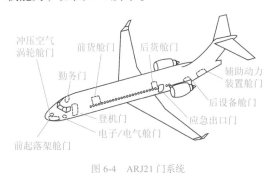

图 6-4　ARJ21 门系统

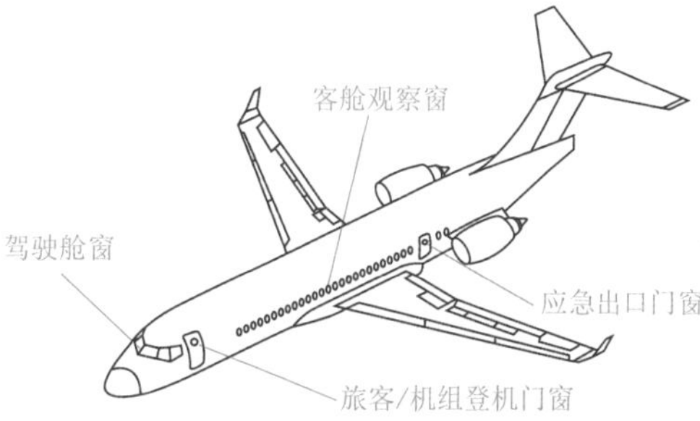

图 6-5　ARJ21 窗系统

一、登机门

ARJ21 登机门为堵塞式密封设计（高 1.88m、宽 0.89m），位于客舱前部机头左侧，用于旅客/机组人员等进出飞机，如图 6-6 所示。该舱门通过铰链与机身结构连接，从内/外均可用内/外手柄（同轴）进行人工开关：转动外部手柄，将舱门向内、向前转动并向外推，即可打开舱门。舱门上部设有观察窗，由两层有间隔（防止起雾）的玻璃组成。登机门内表面装饰由装饰板、门盖、舱门手柄、观察窗组件和滑梯盖等部件组成，如图 6-7 所示。

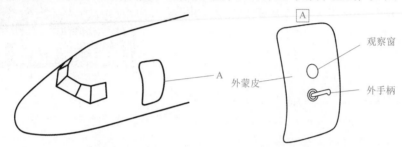

图 6-6　ARJ21 登机门位置和外部结构

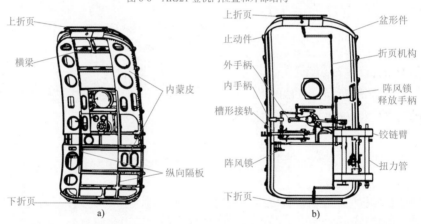

a)　　　　　　　　　　　　b)

图 6-7　ARJ21 登机门结构

（一）登机门操作

打开舱门前，首先应确认滑梯杆未装入地板锁钩，否则打开舱门时滑梯会自动充气打开，可能导致人员受伤或设备损坏。

1. 内部开启舱门

（1）通过观察窗检查舱门外有无障碍物。

（2）顺时针转动内部手柄约 126°，直至不能再转动为止。

（3）将舱门推出舱外，并推至完全开启位置。

（4）通过阵风锁将舱门锁定在机身左侧壁板上，即固定在开启位置。

2. 内部关闭舱门

（1）按压阵风锁释放手柄，将阵风锁脱开。

（2）将舱门向关闭位置转动，使槽型接轨末端接触到门框导向轮，然后继续向内拉直到舱门不能再向内运动并保持住。

（3）逆时针转动内部手柄，直到转至完全关闭位置。

3.外部开启舱门

（1）通过舱门观察窗检查滑梯预位红色警告带已解除。

（2）从凹壁处拉出外部手柄，并逆时针将手柄转动至不能再转动为止。

（3）向外拉动外部手柄，将舱门打开。

（4）将舱门推至完全开启位置，并通过阵风锁锁定在机身左侧壁板上，即固定在开启位置。

4.外部关闭舱门

（1）按压阵风锁释放手柄，将阵风锁脱开。

（2）将舱门向关闭位置转动，使槽型接轨末端接触到门框导向轮，然后继续向内推直到舱门不能再向内运动并保持住。

（3）顺时针转动外部手柄，直到转至完全关闭位置。

（二）舱门指示

登机门门框结构上安装传感器，当登机门打开时，驾驶舱多功能显示器（MFD）门系统页面上 PASS ENTR（登机门）显示为黄色。登机门关闭时，其显示为绿色，如图 6-8、图 6-9 所示。

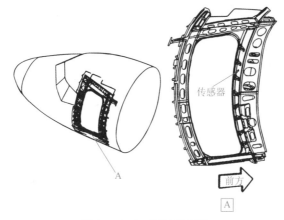

图 6-8　ARJ21 登机门传感器

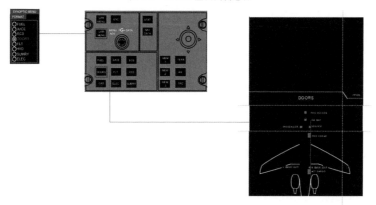

图 6-9　ARJ21 多功能显示器门系统页面

二、应急出口门

飞机应急出口门（净开口尺寸 1.22m × 0.61m）位于客舱尾部左侧，用于机上人员应急撤离，通过操作内/外手柄可以人工打开。应急出口门位置和外部结构如图 6-10 所示，门结构组成如图 6-11 所示。

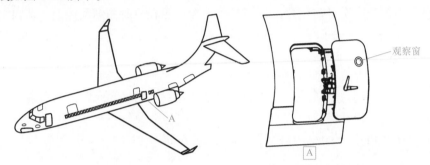

图 6-10　ARJ21 应急出口门位置和外部结构

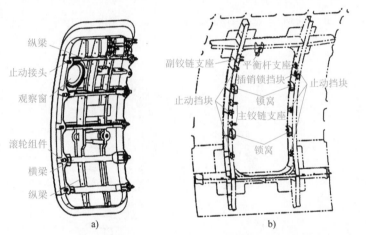

图 6-11　ARJ21 应急出口门结构组成

（一）应急出口门打开操作

（1）从内手柄关闭位置向上扳动内手柄或从外手柄盒中拉出外手柄并向上旋转，打开插销锁（内手柄抬起转动 66°/外手柄转动 24°）。

（2）继续向上扳动内手柄或继续向上旋转外手柄，舱门向上提升，6 个止动接头（舱门前、后缘各 3 个）与门框上对应的止动挡块脱离，4 个滚轮组件（舱门前、后缘各 2 个）运动到门框上对应锁窝的上部槽口位置，上位锁将舱门锁定在提升位置（内手柄抬起转动 137°/外手柄转动 90°，舱门提升 40mm）。

（3）向外、向后推动舱门，舱门绕主铰链转轴平行于机身向后运动，直到安装在主铰链上的门碰组件与机身外蒙皮相接触，阵风锁上锁，将舱门锁定在完全打开位置。

（二）应急出口门关闭操作

（1）扳动阵风锁操纵手柄，打开阵风锁。

（2）向前、向内推动舱门直至 4 个滚轮组件进入锁窝，上位锁开锁。

（3）向下压动内手柄或旋转外手柄，使舱门下降。

（4）6 个止动接头与对应的止动挡块啮合，4 个滚轮组件与对应的锁窝啮合。

（5）继续向下压动内手柄或旋转外手柄直至最终位置，插销锁上锁，舱门关闭。

（三）注意事项

应急出口门打开时，多功能显示器（MFD）SYNOPTIC PAGE 显示为黄色，应急门关闭时，其显示为绿色。

三　前勤务门

前勤务门位于机头右侧（净开口尺寸 1.23m × 0.69m），是客舱的勤务通道，兼做应急出口，通过内/外手柄可以人工开启和关闭，如图 6-12 所示。

图 6-12　ARJ21 前勤务门位置

（一）前勤务门打开操作

（1）从内手柄关闭位置向上扳动内操纵手柄或从外操纵手柄盒中拉出外手柄并向上顺时针旋转，舱门绕铰链向内侧转动（内操纵手柄抬起转动 135°/外操纵手柄转动 135°），如图 6-13 所示。

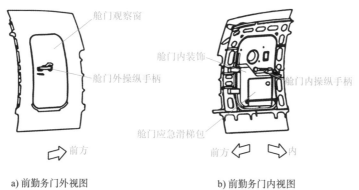

a) 前勤务门外视图　　　　　　　　b) 前勤务门内视图

图 6-13　ARJ21 前勤务门内、外结构

（2）向外、向前推动舱门，舱门绕铰链转轴旋转直到完全打开位置。

（3）阵风锁上锁，将舱门锁定。

（二）前勤务门关闭操作

（1）扳动阵风锁操纵手柄，打开阵风锁。

（2）向后、向内拉动舱门直至舱门完全进入客舱内部，使卡口曲柄锁机构与门框上的滚轮接触。

（3）向下压动内手柄至最低位置（水平位置）或旋转外手柄直至进入手柄盒中，舱门关闭。

（三）注意事项

前勤务门打开时，多功能显示器（MFD）SYNOPTIC PAGE 显示为黄色。前勤务门关闭时，其显示为绿色。

四、窗户系统

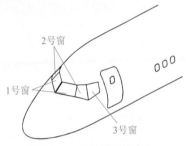

图 6-14　ARJ21 驾驶舱窗户

（一）驾驶舱窗户

驾驶舱窗户是位于机头处左右对称的 6 个窗，由中间向两边分别为 1 号窗、2 号窗和 3 号窗，用于为驾驶员提供广阔的、清晰的视界如图 6-14 所示。1 号窗和 3 号窗固定在驾驶舱上，不能打开；2 号窗可沿滑轨滑动打开。另外，2 号窗还是机组人员撤离驾驶舱的应急出口。

（二）客舱窗户

客舱窗户共安装 52 个，对称分布在机身的两侧如图 6-15 所示。所有客舱窗户的构型和尺寸均相同，由内层玻璃、外层玻璃、外密封件、内密封件和弹簧夹组成。

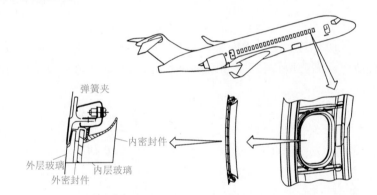

图 6-15　ARJ21 客舱观察窗

（三）舱门观察窗

登机门、应急出口门、勤务门上各有一个观察窗，由外层玻璃、内层玻璃、外密封件和内密封件等组成，如图 6-16 所示。

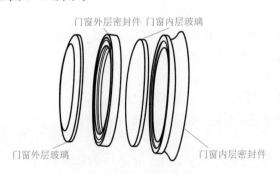

图 6-16　ARJ21 舱门观察窗

📖 民 航 小 知 识 📖

中国大飞机 ARJ21 和 C919 的区别

（1）从定义上来看：C919 是干线客机，ARJ21 是支线客机，如图 6-17 所示。

（2）从气动布局来看：C919 是双翼挂发动机常规布局，ARJ21 是双尾吊发动机高 T 形尾翼常规布局。

（3）从载客量来看：C919 设计最大载客量为 190 人；ARJ21-700 取证最大载客量为 90 人，ARJ21-900 设计最大载客量为 105 人。

（4）从航程看：C919 基本型公布的设计航程 4075km，延程型设计航程 5555km。ARJ21-700 基本型最大商载下航程 1900km，标准商载下 2330km，零商载下最大航程 4200km；ARJ21-700 延程型最大商载下设计航程 3300km，标准商载下设计航程 3672km，零商载下设计最大航程 4250km。

（5）从速度来看：C919 的设计巡航速度为 956～980km/h（0.78～0.8 马赫），ARJ21 的巡航速度为 956km/h（0.78 马赫）。

图 6-17　ARJ21 和 C919

📖 思 考 题 📖

1. ARJ21 有哪些舱门？它们各有什么特点？
2. ARJ21 的登机门的开关操作是什么？
3. ARJ21 的窗户有哪些？它们各有什么特点？

第三节　厨房、盥洗室系统

一　厨房系统

ARJ21 厨房系统包括一号厨房和二号厨房，位置如图 6-18 所示。

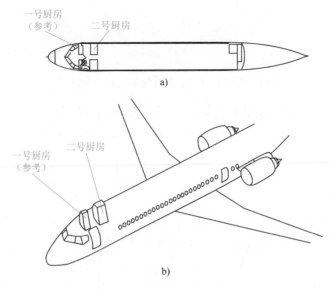

图 6-18　ARJ21 厨房位置图

（一）一号厨房

一号厨房为湿厨房,安装在飞机右勤务门前面,用于为旅客和机组人员提供冷/热饮品、食品的准备、储藏以及分发,包括 1 个烧水器、1 个烧水杯、2 辆餐车（选装）、1 个咖啡机（选装）、2 个冰抽屉、1 个废物箱等组件，如图 6-19 所示。

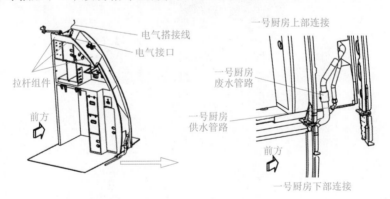

图 6-19　一号厨房结构

厨房顶部电气接口的交流电为烧水器、烧水杯、咖啡机供电；直流电为厨房工作灯供电。饮用水/污水接口位于接近地板处（粗管是污水管路,细管是供水管路）。

（二）二号厨房

二号厨房安装在飞机右侧勤务门后面,包括 2 个蒸汽烤箱（每个蒸汽烤箱一次可加热48 份热餐）、2 辆餐车（每辆餐车可容纳 42 份套餐）、1 辆饮料车、1 个废物箱等组件,如图 6-20 所示。

厨房顶部的电气接口为两个蒸汽烤箱供电。供水接口位于接近地板处。空调回风接口用于空气循环,与客舱前段的空调进气接口配对。

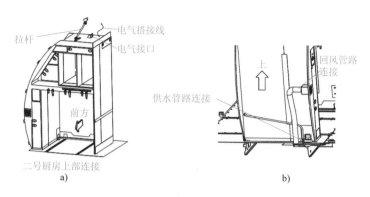

图 6-20　二号厨房结构

二、盥洗室系统

ARJ21 盥洗室一共有两处，分别为前左盥洗室和后右盥洗室，结构如图 6-21 所示。

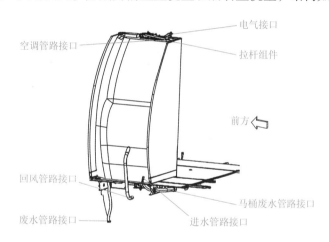

图 6-21　ARJ21 前左盥洗室结构

（一）前左盥洗室

前左盥洗室内部设备包括：烟灰缸、辅助手柄、衣帽钩、镜子和镜灯、带洗手池的梳妆台、冷/热水龙头、皂液分配器、纸杯存放处、面巾纸分配器、手纸分配器、呕吐袋存放处、马桶及冲洗按钮、马桶座圈纸存放处、废纸箱（内部装有灭火器）、带复位开关的乘务员呼叫灯、返回座位和呼叫乘务员按钮、带马桶座圈和马桶盖的装饰罩、信息告示牌、婴儿换洗台等。前左盥洗室顶部还安装氧气模块、烟雾探测器、通风口、扬声器等设备，同时配有空调接口、电气接口、饮用水/污水接口等接口。

前左盥洗室门折叠后向内开启，安装带有"占用指示"的手柄式安全释放门锁，从外部可以用手打开（无须使用特殊工具）。

（二）后右盥洗室

后右盥洗室内部安装的供旅客使用的主要设备及各种接口等都与前左盥洗室相同，不再赘述。

三、饮用水/污水系统

饮用水/污水系统用于向厨房和盥洗室提供饮用水并移除灰水和马桶污水，主要包括饮用水系统、污水处理系统，如图 6-22 所示。

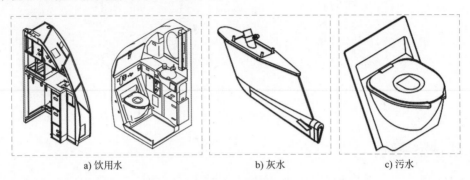

a) 饮用水　　　　　　　　　b) 灰水　　　　　　　　　c) 污水

图 6-22　ARJ21 饮用水/污水系统

1. 饮用水系统

饮用水系统（图 6-23）用于在饮用水箱内储存足够量的饮用水，并采用压力供水方式为厨房提供饮用水，为盥洗室提供冷/热盥洗用水和马桶冲洗用水，以满足旅客机上生活的需要。

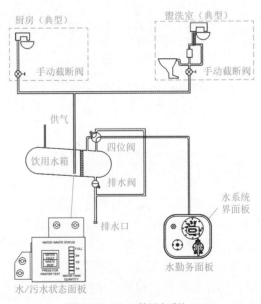

图 6-23　ARJ21 饮用水系统

饮用水系统配置饮用水箱，位于前货舱右侧。饮用水箱的加水或排水操作可通过水勤务面板上的水系统界面控制。饮用水/污水状态面板用于监控饮用水系统的工作状态，并提供饮用水箱的水位指示。

2. 污水处理系统

污水处理系统排放厨房和盥洗室中的灰水和污水，包括灰水系统（图 6-24）和真空污水系统。灰水系统的主要功能是将盥洗室的盥洗灰水以及厨房的工作灰水利用机外排水杆直接排到机外。

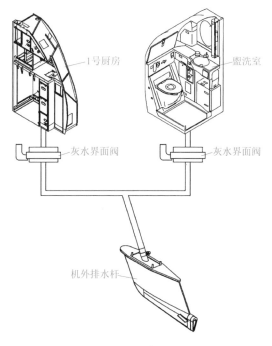

图 6-24 ARJ21 灰水系统

真空污水系统对使用后的马桶进行冲洗、除臭，并利用压差将马桶产生的污水吸入污水箱，防止污水外溢污染环境，并在地面维护时，对污水进行排放，为飞机内提供和保持一个清洁卫生的环境，如图 6-25 所示。

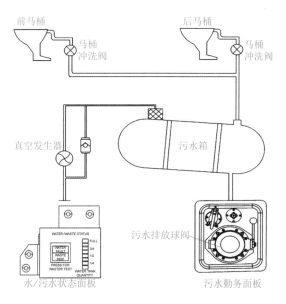

图 6-25 ARJ21 真空污水系统

真空污水系统配置污水箱，位于再循环风扇舱，如图 6-26 所示。污水箱的冲洗和排放可通过污水勤务面板进行操作，饮用水/污水状态面板用于监控污水系统的工作状态。

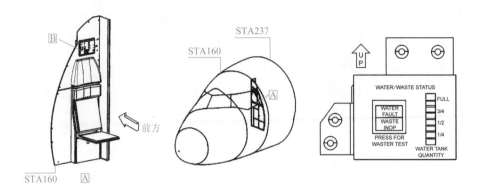

图 6-26　ARJ21 饮用水/污水状态指示面板

📖 民 航 故 事 📖

空中如厕史

飞机第一次遭遇如厕问题是在第一次世界大战期间。1917 年，德国人制造了能够轰炸伦敦的戈塔 G 重型轰炸机。在几小时的航程中机组人员往往要面临内急问题。于是，德军飞行员把夜壶带上了飞机，用完之后直接掷入空中洒向飞机下方的伦敦市民。

战后民航业开始发展，谁能更好地解决民航如厕问题谁就能提供旅行更好的服务。在激烈的竞争中，最早的民航盥洗室于 1921 年出现在意大利水上客机卡普罗尼 Ca.60 上（图6-27）。但可惜的是这个大块头在首飞中仅爬升了 18m 便坠毁，第一个飞机上的盥洗室也因此损毁。

图 6-27　意大利水上客机卡普罗尼 Ca.60

早期的飞机盥洗室都很简单粗劣：他们把漏斗接在管子上，然后直通飞机外部排放。比如 1937 年的英国"斯特兰拉尔"水上飞机，客舱里就有一个"直排盥洗室"。在上面，你可以亲身感受到高空气流对"屁屁的亲切抚慰"，那种酸爽绝对让人终生难忘。

到了第二次世界大战时期，飞机的性能向着更高、更快的方向发展。为了保证在高空中"放水"的乘员不被冻伤，飞机设计师们也对盥洗室进行了改进，马桶首次替代漏斗出现在飞机上。专用的马桶可以在用完之后密闭，再由专门的机员把桶洗刷干净。但是当时的马桶无法冲水，只能靠蓝色化学药片进行分解然后随重力排外。在整个分解过程中马桶会排出刺鼻的气味，非常影响战斗人员的心情。

第二次世界大战之后，飞机进入了大客机民航时代，增压型客舱出现了。增压型客舱要求密闭整个舱室壳体不能发生气压泄露，这就带动了航空盥洗室的革命。盥洗室将不再直排空中而必须内置在飞机里。因此，1970 年代开始，飞机盥洗室使用电动泵冲水，冲水时添加了蓝色液体除臭剂以分解固体废物、除掉异味。但除臭剂有时会发生泄漏，导致污水排到机舱外。流到外面的污水遇上低温就会成为蓝色的冰（图 6-28）。这些冰一般都会分解，但也有过坠落伤人的案例。

图 6-28　盥洗室"蓝冰"

解决蓝冰问题的方法在 1976 年出现：美国发明家肯普尔发明了真空马桶，飞机马桶不再需要大量液体除臭剂。只要按下冲水按钮后，真空马桶的污水管阀门就会打开，通过气压差将污物吸到机舱内的化学存储箱中。仅需要少量水和化学药品就能冲刷马桶。在这种盥洗室中如厕，既不用担心大风吹裤裆也不用担心异味满天飞，既环保又舒适。等到飞机着陆后，地勤人员再将满是蓝色液体和污物的化学存储箱抽干即可。

飞机马桶看似简单，却凝聚了航空业数十年的心血，通过不断改进才趋于完善。飞行马桶也包含着民航业"顾客至上"的服务心态，更体现着技术的进步与科技的发展。

📖　思　考　题　📖

1. ARJ21 厨房主要有哪些设备？它们各有什么特点？
2. ARJ21 盥洗室主要有哪些设备？它们各有什么特点？
3. ARJ21 饮用水/污水系统有哪些部件组成？它们分别有什么作用？

第四节　客舱通信系统

ARJ21 客舱通信系统以提高客舱的使用舒适性为主，为旅客和机组人员提供客舱管理和机载娱乐相关功能，主要由客舱核心系统和机载娱乐系统（IFES）组成。

客舱核心系统主要控制客舱内部各个相关子系统，完成旅客与乘务员的交互，为旅客和机组人员提供客舱管理和内部通话等功能，可以帮助乘务员更好地完成机上服务以及控制客舱环境。

机载娱乐系统主要由旅客电源系统（选装）和音乐广播系统组成，用于为旅客提供安全通告、安全须知的广播，还为旅客在飞行期间提供音/视频娱乐功能以及相关服务。

一、客舱核心系统

客舱核心系统主要由旅客广播系统、客舱内话系统、客舱管理系统、旅客呼叫系统组成。

（1）旅客广播系统用于飞行员和乘务员向旅客进行广播，还交联呼叫系统，播放呼叫谐音。

（2）客舱内话系统用于乘务员和飞行员之间及乘务员之间的相互通话。

（3）飞行员可以用音频综合系统同乘务员通话，按压驾驶舱呼叫按钮可以呼叫乘务员。所有音频信号都经过客舱内话的主要设备——音频控制面板（ACP）。

（一）旅客广播系统

旅客广播系统包括旅客广播放大器，旅客广播扬声器，乘务员扬声器，乘务员手提内话机，音频变压器等部件，如图 6-29 所示。前乘务员手提内话机位于前服务区域，后乘务员手提内话机位于后服务区域，如图 6-30 所示。

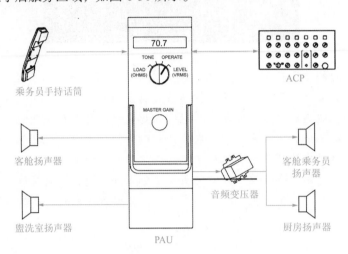

图 6-29　ARJ21 旅客广播系统

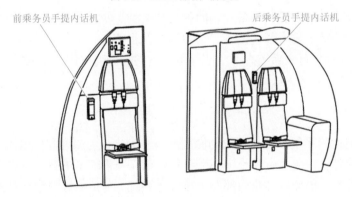

图 6-30　乘务员手提内话机位置

旅客广播系统的音频信号通过旅客广播放大器（PAU）放大，并且发送到整个客舱的扬声器，以及在盥洗室、厨房和乘务员站位的扬声器。驾驶舱输入信号优先于乘务员旅客广播话筒的信号。

乘务员将手提内话机从基座上取下，按压内话机上的"PA"按键以选择 PA 通道，再按压"PTT"按钮进行旅客广播。

飞行员按压 ACP 上的"PA"选择键，使其上方的绿色指示灯点亮，再按压驾驶盘上的"PTT"开关到 R/T 位置，然后使用悬臂式话筒、氧气面罩麦克风或者手提内话机进行广播（图 6-31）。另外，飞行员按压驾驶舱手提内话机上的"PTT"开关，可以在客舱扬声器中输出清晰、无失真的广播信息。

226

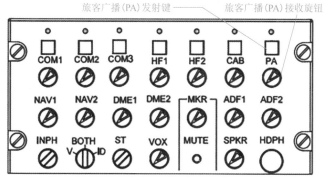

图 6-31 ARJ21 驾驶舱 ACP 面板

1. 旅客广播放大器

旅客广播放大器设有优先级控制逻辑，可以控制飞行员和乘务员音频信号的优先级，其优先级顺序为：驾驶舱广播>乘务员广播>预录通告>登机音乐。

旅客广播放大器的提示音如下：

（1）旅客呼叫乘务员——高谐音提示音。

（2）飞行员呼叫乘务员——高/低谐音提示音。

（3）飞行员呼叫乘务员（应急情况）——高/低谐音提示音（重复三次）。

（4）系好安全带——低谐音提示音。

（5）请勿抽烟——低谐音提示音。

2. 扬声器

扬声器位于旅客服务组件（PSU）、乘务员站位、厨房及盥洗室等区域。

（二）客舱内话系统

客舱内话系统用于乘务员间、乘务员与飞行员之间的通信，包含音频控制面板和乘务员手提内话机（图 6-32）。

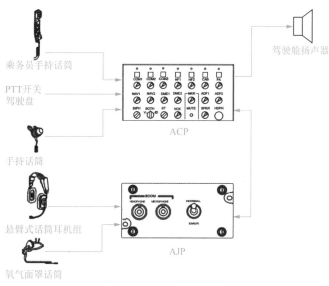

图 6-32 ARJ21 客舱内话系统

1. 驾驶舱顶板控制及指示（图6-33）

（1）呼叫乘务员（CALL ATTD）开关

①CALL（青色）：当客舱呼叫驾驶舱时，CALL灯点亮，驾驶舱内扬声器发出高/低谐音提示音。按压呼叫复位（RESET）开关，CALL灯熄灭。

②ON（青色）：当驾驶舱呼叫客舱时，按压该开关，ON灯点亮，松开后ON灯熄灭。

（2）应急呼叫（EMER CALL）开关

①CALL（琥珀色）：当客舱应急呼叫驾驶舱时，CALL灯点亮，驾驶舱发出三声高/低谐音提示音，机组警告系统（CAS）显示信息EMER CALL。按压呼叫复位（RESET）开关，CALL灯熄灭，CAS信息EMER CALL消失。

②ON（白色）：当驾驶舱应急呼叫客舱时，打开保护盖，按压该开关，ON灯点亮，松开后ON灯熄灭。

（3）呼叫复位（RESET）开关

按压后，呼叫乘务员（CALL ATTD）开关或应急呼叫（EMER CALL）开关上的CALL灯熄灭，EICAS上的呼叫信息被清除。

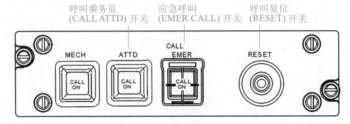

图6-33 ARJ21驾驶舱顶部板上的内话控制及指示

2. 乘务员手提内话机（图6-34）

（1）呼叫飞行员（PILOT）按键：用于乘务员呼叫飞行员。按压后，驾驶舱中会出现下列音频和视觉信号提示：驾驶舱扬声器发出高/低谐音提示音；顶板上呼叫乘务员（CALL ATTD）开关上的CALL指示灯点亮。

（2）应急呼叫飞行员（EMER）按键：用于乘务员应急呼叫飞行员。按压后，驾驶舱中会出现下列音频和视觉信号提示：驾驶舱扬声器发出三声高/低谐音提示音；顶板上应急呼叫（EMER CALL）开关上的CALL指示灯点亮；机组警告系统（CAS）显示琥珀色警告信息EMER CALL。

图6-34 ARJ21乘务员手提内话机

（三）旅客呼叫系统

旅客呼叫系统主要部件包括盥洗室呼叫按钮、盥洗室呼叫复位按钮、旅客呼叫按钮、旅客呼叫灯等，如图6-35所示。

（1）旅客呼叫

旅客按压座椅上方旅客服务组件（PSU）上的旅客呼叫按钮，客舱前、后旅客呼叫灯上的蓝色指示灯点亮，并伴随客舱旅客广播扬声器发出高谐音提示音。直到乘务员再次按压相应 PSU 上的旅客呼叫按钮，才能熄灭前、后旅客呼叫灯上的蓝色指示灯和 PSU 上呼叫按钮指示灯。

（2）盥洗室呼叫

旅客按压前/后盥洗室内呼叫按钮，客舱前/后旅客呼叫灯上的琥珀色指示灯点亮，并伴随客舱旅客广播扬声器发出高谐音提示音。直到乘务员到达盥洗室按压盥洗室呼叫复位按钮，旅客呼叫灯上的琥珀色指示灯和盥洗室呼叫指示灯熄灭。

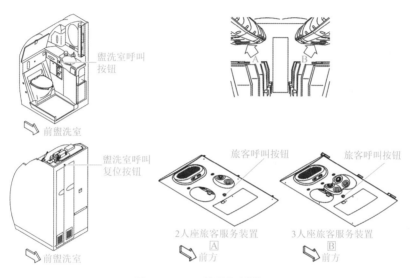

图 6-35　ARJ21 旅客呼叫系统

二、机载娱乐系统

机载娱乐系统包括音/视频源控制板、安装在辅助设备架的控制/存储设备、安装在客舱各区域的显示屏以及遍布客舱的扬声器。机载娱乐系统提供丰富的外部接口，支持旅客通过 USB、RCA 和 HDMI 等方式播放外部音/视频，为旅客提供多种多样的音频和视频媒体服务。

（一）旅客电源系统

旅客电源系统用于为旅客提供电源，主要包括电源控制单元（AMCU）、旅客电源开关、座椅直流电源模块（ISPS）、双路 USB 插座（DUSB）等组件。旅客电源开关安装在前乘务员控制面板上，上方配有 PASSENGER POWER SW 标牌，通过控制电源控制单元开启/关闭整个旅客电源系统。

（二）音乐播放系统

音乐播放系统的主要部件是音乐播放器，安装在前乘务员面板上方（图 6-36），通过旅客广播系统在客舱播放预录通告和登机音乐，其优先级低于旅客广播系统，即当飞行员或者乘务员进行旅客广播时，音乐播放将被抑制。当客舱失压时，系统能自动播放预录通告以减轻乘务员工作负担。

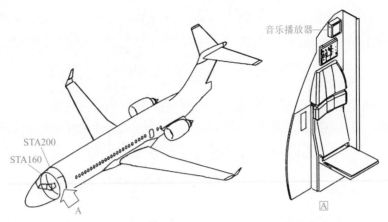

音乐播放器

STA200
STA160

A

A

图 6-36　ARJ21 音乐播放器位置

音乐播放器可以通过按键和触摸屏两种方式进行操作，其功能及特点如下：

（1）播放预录通告和登机音乐。

（2）系统具有自检功能。

（3）采用可靠性高的大容量固态硬盘，存储容量为 8G。

（4）支持触摸屏和按键双操作。

（5）通过便携式外接存储设备（USB 接口）进行节目更新。

音乐播放器的按键功能如下：

（1）ANNC：选择进入通告模式节目单。

（2）MUSIC：选择进入音乐模式节目单。

（3）FLIGHT：选择进入飞行预设模式节目单。

（4）START：播放所选节目或确认执行所选按钮功能。

（5）STOP：停止播放或返回上一层菜单键。

（6）＋号：音量增大。

（7）－号：音量减小。

（8）▲键：移动光标向上（不同状态可重复使用）。

（9）▼键：移动光标向下（不同状态可重复使用）。

（10）◄键：移动光标向左（不同状态可重复使用）。

（11）►键：移动光标向右（不同状态可重复使用）。

图 6-37　ARJ21 音乐播放系统面板

音乐播放系统面板见图 6-37。

三、Wi-Fi 娱乐系统

机上 Wi-Fi 娱乐系统由客舱网络服务器和客舱无线接入点组成，客舱网络服务器位于后乘务员座椅上方，客舱无线接入点位于客舱中部天花板上（图 6-38）。Wi-Fi 娱乐系统可提供以下基本功能：

（1）音/视频节目的点播功能。

（2）电子书阅读，浏览服务器新闻功能。

（3）支持下载 APP、游戏软件功能。

（4）3G/4G 机场无线接入功能。

（5）当机组进行旅客广播或客舱失压时，暂停娱乐系统相关服务。

（6）预留与卫星通信系统的接口。

（7）能使用更改存储卡等多种形式进行节目更新。

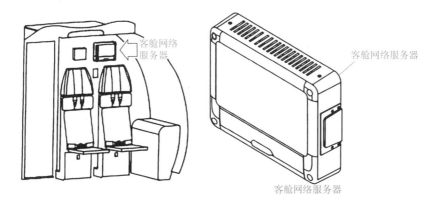

图 6-38　ARJ21 客舱网络服务器位置

📖 民 航 小 知 识 📖

如何区分飞机有没有 Wi-Fi?

要知道哪些飞机上有"机载 Wi-Fi"功能，可以简单到观察它的外形。机载 Wi-Fi 设备极其昂贵（约 500 万元人民币），而且体积也不小。安装了机载 Wi-Fi 设备的飞机，其背部会有一个大"鼓包"，如图 6-39 所示。当前机上 Wi-Fi 主要途径是通过卫星通信，因此这个鼓包里面是一个卫星发射器。

为什么飞机上的 Wi-Fi 很慢还总掉线呢? 这主要还是受当前的技术限制。一方面，卫星距离太远，功率消耗大。通信卫星大多为高轨道，要把数据传到几万千米之外，消耗的电能很大。再者，因为路途远、干扰多，数据包不能太大，否则影响传送效率。所以依当前的技术能力，Ku 波段的传输只有 30Mbit/s 左右，Ka 波段虽然能达到 120Mbit/s，但是要供给飞机上那么多人，还是不够用。微信聊天也许可以，但要发朋友圈，通常要"重发"一到两次。现在很多航空公司都采取"限定 100 人预约"的方式，也是因为这个原因。

图 6-39　安装了机载 Wi-Fi 的飞机

在我国，机载 Wi-Fi 普及率较高的是东方航空公司。该公司大多数宽体机都配备了机载 Wi-Fi 设备，起飞后抢先登录，可以免费使用。海南航空公司、南方航空公司和中国国际航空公司等新引进的远程机型也大多配有 Wi-Fi。

📖 思 考 题 📖

1. ARJ21 飞机旅客广播系统主要由哪些部分组成？它们各有什么特点？

2. ARJ21 飞机内话系统主要由哪些部分组成？它们各有什么特点？

第五节　客舱灯光系统和氧气系统

一、客舱灯光系统

ARJ21 客舱灯光系统为客舱、入口、盥洗室、厨房和乘务员工作区域提供照明和信号指示，主要包括客舱一般照明、旅客阅读灯、入口区域照明、盥洗室灯、乘务员工作灯、旅客信号牌等。

1. 客舱一般照明

客舱一般照明由侧壁灯和天花板灯组成，分别由前乘务员面板上的"SIDEWALL LTS"旋钮和"CEILING LTS"旋钮控制（图 6-40）。每个旋钮均有四个位置：OFF（关断）、DIM1（10%亮度）、DIM2（50%亮度）、BRT（100%亮度）。

客舱一般照明位置如图 6-40 所示。

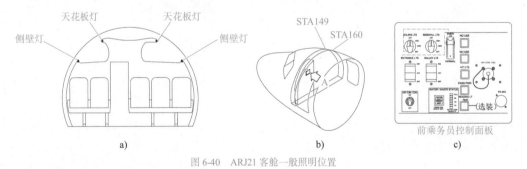

图 6-40　ARJ21 客舱一般照明位置

2. 旅客阅读灯

旅客阅读灯用于旅客座位的阅读照明，每个阅读灯均配有单独的控制按钮。通过按压乘务员控制面板上的"READING LT TEST"开关可以进行阅读灯的总体操作测试。

旅客阅读灯位置如图 6-41 所示。

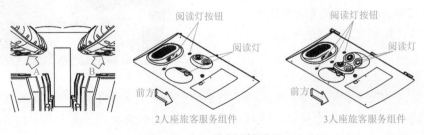

图 6-41　ARJ21 旅客阅读灯位置

3. 入口区域照明

入口区域照明系统包括入口区域灯（1 个）、过道灯（前过道灯 1 个，后过道灯 1 个）、厨房灯（2 个）。入口区域照明的控制开关有三个位置：DIM（暗）、OFF（关断）、BRT（亮）。

入口区域照明位置如图 6-42 所示。

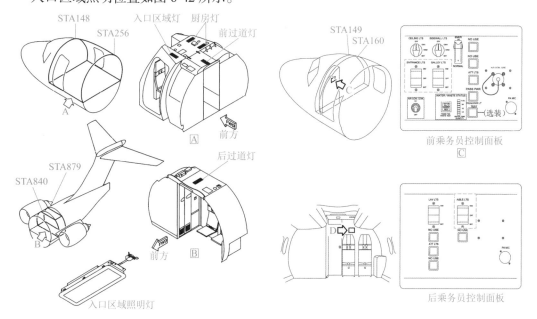

图 6-42　ARJ21 入口区域照明

4. 盥洗室灯

盥洗室灯（荧光灯）用于盥洗室内旅客的服务照明，由安装在门框上的开关控制。当盥洗室门关闭并锁定时，盥洗室灯处于明亮状态；盥洗室门打开（或没有锁定）时，盥洗室灯处于暗亮状态。乘务员可超控盥洗室灯，使之最亮。

当旅客进入前盥洗室关上门锁后，前盥洗室信号标牌上"盥洗室有人"指示灯点亮，驾驶舱顶板上"TOILET OCCPD"指示灯点亮；打开门锁后，"盥洗室有人"指示灯熄灭，"盥洗室无人"指示灯点亮，"TOILET OCCPD"指示灯熄灭。

当旅客进入后盥洗室关上门锁后，后盥洗室信号标牌上"盥洗室有人"指示灯点亮；打开门锁后，"盥洗室有人"指示灯熄灭，"盥洗室无人"指示灯点亮。

ARJ21 盥洗室灯如图 6-43 所示。

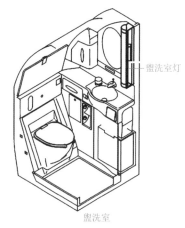

图 6-43　ARJ21 盥洗室灯

5. 乘务员工作灯

乘务员工作灯用于乘务员座椅区域和后储藏室的勤务照明，包括：乘务员工作灯和后储藏室灯。乘务员工作灯选用白炽顶灯，通过前、后乘务员面板上的"ATT LTS"按钮控制。后储藏室灯由两位扳动开关控制，位于后储藏室门旁边。

乘务员工作灯位置和控制面板如图 6-44 所示。

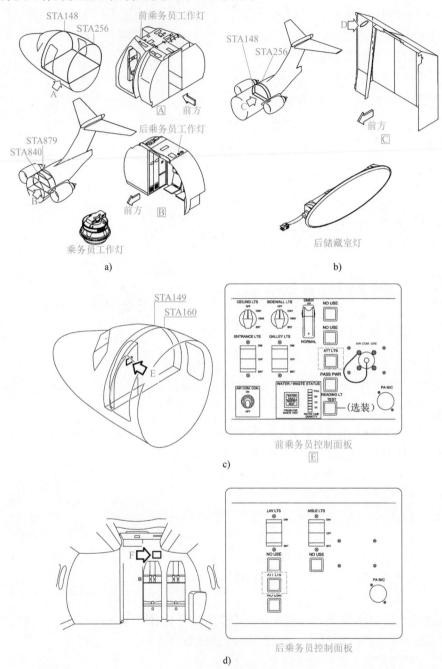

图 6-44　ARJ21 乘务员工作灯

6. 旅客信号牌

旅客信号牌系统包括: 前旅客信号牌、后旅客信号牌、旅客服务组件 (PSU) 上的旅客信号牌、盥洗室旅客信号牌, 为旅客和乘务员提供以下指示: "系好安全带""请勿吸烟""返回座位""盥洗室有人/无人"等。

旅客信号牌由驾驶舱和应急照明控制面板上的"BELT"和"NO SMKG"两个三位开关控制:

(1)系好安全带(BELT)开关

①ON:"系好安全带"信号牌点亮。

②AUTO:在以下情况时"系好安全带"信号牌点亮,并在客舱内伴随低谐音提示音:缝翼未收起;在 EICAS 上出现座舱高度警告或警戒信息;起落架处于放下状态。

③OFF:"系好安全带"信号牌熄灭。

(2)请勿吸烟(NO SMKG)开关

①ON:"请勿吸烟"信号牌点亮。

②AUTO:在以下情况时"请勿吸烟"信号牌点亮,并在客舱内伴随低谐音提示音:在 EICAS 上出现座舱高度警告或警戒信息;起落架处于放下状态。

③OFF:"请勿吸烟"信号牌熄灭。

前旅客信号牌用于显示综合信息,包括"应急出口""盥洗室有人/无人""系好安全带"和"请勿吸烟"信号牌,并在应急状态下为旅客指示出口位置。后旅客信号牌包括"盥洗室有人/无人""系好安全带"和"请勿吸烟"信号牌。每个旅客服务组件(PSU)上有"系好安全带"和"请勿吸烟"信号牌,"请回座位"信号牌安装在每个盥洗室内。"请回座位"信号牌与"系好安全带"信号牌一起由"BELT"开关控制。

旅客信号牌位置如图 6-45 所示。

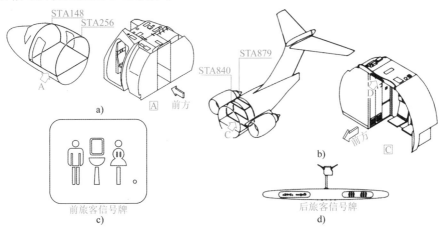

图 6-45 ARJ21 旅客信号牌位置

二、客舱氧气系统

ARJ21 客舱氧气系统(图 6-46)主要为旅客氧气系统,其采用化学氧气发生器,在客舱失压时为旅客和乘务员提供呼吸用氧。旅客氧气系统包括旅客服务组件(PSU)内的氧气设备、乘务员应急氧气组件、盥洗室应急氧气组件等。

1. PSU 内的氧气设备

PSU 内氧气设备在客舱失压时为旅客提供氧气,包括化学氧气发生器、旅客氧气面罩、储气袋、系留绳索、氧气流量指示器等(图 6-47)。

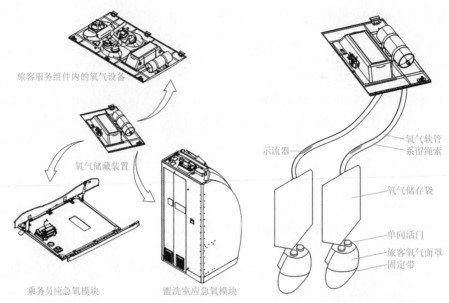

旅客服务组件内的氧气设备

氧气储藏装置

示流器

氧气软管
系留绳索

氧气储存袋

单向活门
旅客氧气面罩
固定带

乘务员应急氧模块   盥洗室应急氧模块

图 6-46　ARJ21 旅客氧气系统　　　图 6-47　ARJ21 旅客服务组件内的氧气设备

2. 乘务员应急氧气组件

乘务员应急氧气组件在客舱失压时为乘务员提供氧气，位于前/后乘务员座椅上方天花板内（图 6-48）。

3. 盥洗室应急氧气组件

盥洗室应急氧气组件在客舱失压时为盥洗室内人员提供氧气，安装在前/后盥洗室的天花板内（图 6-49）。

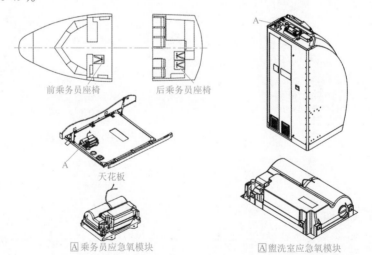

前乘务员座椅　　　后乘务员座椅

A

天花板

Ⓐ乘务员应急氧模块   Ⓐ盥洗室应急氧模块

图 6-48　ARJ21 乘务员应急氧模块　　　图 6-49　ARJ21 盥洗室应急氧模块

4. 便携式氧气设备

便携式氧气设备可为乘务员提供机动用氧、为旅客提供医疗急救用氧，以及在机上灭火排烟时为空勤人员提供防护呼吸用氧，主要包括急救型便携式氧气瓶和防护式呼吸装置（PBE），如图 6-50 所示。

图 6-50 ARJ21 便携式氧气设备

（1）便携式氧气瓶

便携式氧气瓶由容积为 311.5 L 的高压气态便携式氧气瓶以及与其配套使用的连续式氧气面罩、减压调节器、氧气压力表、充氧活门、安全活门、氧气出口接头及背带等组成，如图 6-51 所示。

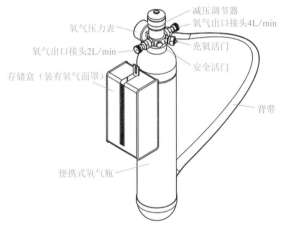

图 6-51 ARJ21 便携式氧气设备

（2）防护式呼吸装置（PBE）

PBE 是封闭式循环呼吸装置，采用化学反应产生氧气，供氧时间一般约为 20min，可在座舱高度低于 8000 英尺（约 2400km）时使用。PBE 安装在机上 PBE 储存盒内，在需要使用时能使机组人员快速、便捷地取出 PBE。PBE 由真空密封袋密封后，放置在储藏盒内。真空密封袋密封状态良好，则 PBE 可用；若真空密封袋已破裂或膨胀，则 PBE 失效。

PBE 主要由防烟头套（帽套）、化学空气再生系统、口鼻型面罩（包括语音膜片）组成，如图 6-52 所示。

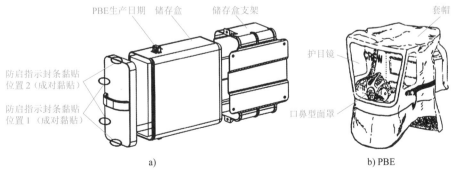

a)   b) PBE

图 6-52 ARJ21 防护式呼吸装置（PBE）

📖 民 航 故 事 📖

中联航河北分公司乘务组紧急救助缺氧旅客

2013年4月9日，中国联合航空有限公司（简称"中联航"）河北分公司执飞的KN2950齐齐哈尔—北京南苑航班上，上演了一幕高空紧急救援。

在飞机平飞后不久，一位男性旅客急匆匆走到前舱，说他的孩子生病了，现在状态不好，能不能吸氧。乘务长赵云芬快速和这位男性旅客回到经济舱查看孩子的状况。该儿童面色苍白、满头大汗，并且一直在机械性地摇头，看似感觉胸闷气短。经询问，原来该儿童患有肺炎，此次来北京是为了看病，也未曾携带药品。由于航班起飞不久，情况危急，一场紧张的空中抢救随即展开。

图6-53　机载应急氧气瓶

乘务长在了解旅客病情后，立即把患儿及其家属调到头等舱座位上，并打开通风孔、解开患者的衣领，随即通知乘务员广播寻找医生。同时，乘务长第一时间采用机载应急氧气瓶（图6-53），开始为患者紧急供氧。幸运地是，当日正好有一名来自齐齐哈尔的医务人员乘坐该航班。获得机组验证许可后，医生随即对患者进行急救。在保证整个客舱安全、有序服务的前提下，乘务长赵云芬快速对各号位乘务员进行了重新分工，乘务长和4号乘务员钱韦彤一起全程协助医生进行急救，其他乘务员各司其职。经过短暂治疗，患儿病症逐渐减轻，脉搏恢复到正常范围内。经过家属同意后，机长果断与地面联系救护车，待飞机落地后及时把患儿送往医院。最终，该名儿童脱离险境，转危为安。

乘务员的职责不仅是做好机上服务，还要保障航班旅客的安全，因此需要具备紧急事件处理能力。

📖 思 考 题 📖

1. ARJ21客舱灯光系统主要有哪些灯？它们各有什么特点？
2. ARJ21客舱氧气系统主要由哪些部分组成？它们各有什么特点？

附录 英文缩写词释义表

英文缩写词	中文释义	英文缩写词	中文释义
AAP	后乘务员控制面板	CAH	客舱乘务手提内话机
ACP	音频选择面板	CAPT	机长
	区域呼叫面板	CAS	机组警告系统
AEG	运行符合性评审	CAUT	警告信息
AEP	音频娱乐播放器	CHAN	频道
AFT	后方	CIDS	内部通信数据系统
AIP	乘务指示面板	CIS	客舱内话系统
AISLE	客舱顶灯	CKPT	机组
AMCU	电源控制单元	CMD	指令
AM/FM	调幅调频	CSCP	客舱系统控制面板
AMUX	音频选择器	CSS	客舱服务系统
ANNC	预录通告	DIM	暗亮
ANS	环境噪声传感器	DSCS	舱门和滑梯控制系统
APU	辅助动力装置	ECAM	电子集中监控
ARM	预位	E/E	电子设备舱
ASP	乘务员开关面板	EICAS	发动机和机组警告
ASU	乘务员服务组件	ELT	应急定位发射机
ATT	乘务员	EMER	应急灯光
ATTD		EPAS	应急动力辅助系统
ATTEND		ETOPS	延程飞行
ATTN		EVAC	应急报警/撤离
BGM	背景音乐	FADEC	数字发动机控制系统
BITE	自测试	FAP	前乘务员控制面板
BRT	明亮	FCU	冲水控制组件
CACP	客舱区域控制面板	FDH	飞行员手提内话机
CAD	计算机辅助设计作图	FWD	前方

英文缩写词	中文释义	英文缩写词	中文释义
HDMI	高清多媒体接口	PED	便携式
IFES	机载娱乐系统	PES	旅客娱乐系统
INFO	信息	PRAM	预录通告机
INOP	不工作	PRIO	紧急呼叫
INT	内话	PSEU	接近电门电子组件
INTDH		PSU	旅客服务组件
ISPS	座椅直流电源模块	PTT	按压通话
LAV	盥洗室	PURS	呼叫乘务长
LCD	液晶显示器	RCA	视频接口
LCM	逻辑控制组件	R/L	旅客阅读灯
LED	发光二极管	SEB	座椅电子设备盒
LSU	盥洗室服务组件	SDM	扬声器驱动模块
LT	灯	SEB	座椅电子设备盒
MAINT	维护	SMKG	烟雾
MED	中等亮度	SSSU	固态话音存储器
MEMO	预录广播项目	STD	准备
MFD	多功能显示器	SVCE	勤务
MID	中间	SYS	系统
NORM/ALT	标准/备用	TCB	型号合格审定委员会
OCCPD	"有人"指示	TEMP	温度
OP	可用	TMR	计时器
OVRD	超控	VDU	视频分配单元
OXY	氧气	VHF	甚高频
PA	旅客广播系统	VOL	音量
PAU	旅客广播放大器	VSCU	视频系统控制单元
PAX	旅客	VTR	录像机
PBE	防护式呼吸装置	WDO	客舱窗灯
PBSW	按钮电门	ZMU	区域管理组件
PCU	旅客控制组件		

参 考 文 献

[1] 刘小娟. 飞机客舱系统与设备. 2 版. 北京: 人民交通出版社股份有限公司, 2022.

[2] 高宏, 魏丽娜. 飞机客舱设备与使用. 北京: 清华大学出版社, 2019.

[3] 汤黎, 何梅. 客舱安全与应急处理. 北京: 国防工业出版社, 2016.

[4] 盛美兰, 江群. 民航客舱设备操作实务. 北京: 中国民航出版社, 2011.

[5] The Boeing Company. B737-600/700/800/900 aircraft maintenance manual. Seattle: Boeing Commercial Airplanes Group, 2002.

[6] The Boeing Company. B777 aircraft maintenance manual. Seattle: Boeing Commercial Airplanes Group, 2004.

[7] Airbus Industrie. A320 aircraft maintenance manual. Blagnac: Customer Services Directorate, 2004.

[8] Airbus S.A.S. A330 aircraft maintenance manual. Blagnac: Customer Services Directorate, 2002.

[9] 中国商用飞机有限责任公司. ARJ21 飞机维修手册. 上海: 上海飞机客户服务有限公司技术出版物部, 2021.

[10] 周为民, 苗俊霞, 车云月. 民用航空客舱设备教程. 2 版. 北京: 清华大学出版社, 2020.

[11] 林虹, 林立. 飞机客舱设备与系统. 北京: 中国民航出版社, 2015.